建设新农村农产品标准化生产丛书

肉兔标准化生产技术

编著者

权　凯　刘延鑫　张恒业

朱相师　胡俊杰　李建平

魏红芳

金盾出版社

内 容 提 要

肉兔标准化体系的建立和实施，是肉兔产品质量与安全的技术保证，是肉兔养殖产业化的必然要求。本书对肉兔标准化生产进行了较全面的探讨，内容包括：肉兔标准化生产的概念和意义、养殖品种标准化、繁殖标准化、饲养标准化、管理标准化、疫病防治标准化、产品标准化等7章。全书内容翔实，技术先进实用，语言通俗易懂，可供广大肉兔养殖场（户）、肉兔养殖技术人员和管理人员学习使用，也可供农业院校师生阅读参考。

图书在版编目(CIP)数据

肉兔标准化生产技术/权凯等编著. —北京：金盾出版社，2006.12
（建设新农村农产品标准化生产丛书）
ISBN 978-7-5082-4158-6

Ⅰ.肉… Ⅱ.权… Ⅲ.肉用兔-饲养管理-标准化
Ⅳ.S829.1

中国版本图书馆 CIP 数据核字(2006)第 082257 号

金盾出版社出版、总发行
北京太平路5号(地铁万寿路站往南)
邮政编码：100036 电话：68214039 83219215
传真：68276683 网址：www.jdcbs.cn
封面印刷：北京2207工厂
正文印刷：北京金星剑印刷有限公司
装订：桃园装订厂
各地新华书店经销

开本：787×1092 1/32 印张：6.75 字数：149千字
2009年2月第1版第5次印刷
印数：30001—41000册 定价：11.00元

序　言

随着改革开放的不断深入，我国的农业生产和农村经济得到了迅速发展。农产品的不断丰富，不仅保障了人民生活水平持续提高对农产品的需求，也为农产品的出口创汇创造了条件。然而，在我国农业生产的发展进程中，亦未能避开一些发达国家曾经走过的弯路，即在农产品数量持续增长的同时，农产品的质量和安全相对被忽略，使之成为制约农业生产持续发展的突出问题。因此，必须建立农产品标准化体系，并通过示范加以推广。

农产品标准化体系的建立、示范、推广和实施，是农业结构战略性调整的一项基础工作。实施农产品标准化生产，是农产品质量与安全的技术保证，是节约农业资源、减少农业面源污染的有效途径，是品牌农业和农业产业化发展的必然要求，也是农产品国际贸易和农业国际技术合作的基础。因此，也是我国农业可持续发展和农民增产增收的必由之路。

为了配合农产品标准化体系的建立和推广，促进社会主义新农村建设的健康发展，金盾出版社邀请农业生产和农业科技战线上的众多专家、学者，组编出版了《建设新农村农产品标准化生产丛书》。“丛书”技术涵盖面广，涉及粮、棉、油、肉、奶、蛋、果品、蔬菜、食用菌等农产品的标准化生产技术；内容表述深入浅出，语言通俗易懂，以便于广大农民也能阅读和使用；在编排上把农产品标准化生产与社会主义新农村建设巧妙地结合起来，以利农产品标准化生产技术在广大农村和广大农民群众中生根、开花、结果。

我相信该套“丛书”的出版发行，必将对农产品标准化生产技术的推广和社会主义新农村建设的健康发展发挥积极的指导作用。

王连铮

2006 年 9 月 25 日

注：王连铮教授是我国著名农业专家，曾任农业部常务副部长、中国农业科学院院长、中国科学技术协会副主席、中国农学会副会长、中国作物学会理事长等职。

前 言

家兔是单胃草食动物，在动物学分类上属于哺乳纲—真兽亚纲—兔型目—兔科—兔亚科—兔属，具有胆小怕惊、喜干厌湿、怕热耐寒、繁殖力强、生长快、饲料转化率高等特点。家兔经过人们的选育，根据用途又分为肉兔（肉用）、毛兔（毛用）、兼用兔和宠物兔（宠物用）四大类，其中，肉兔主要用于生产兔肉、兔皮及一些副产品。兔肉具有“三高三低”（高蛋白、高赖氨酸、高消化率和du脂肪、低胆固醇、低热能），肉质细嫩，味美香浓，营养丰富，久食不腻等特点，是胖人和心血管病患者的理想食品，一些国家的妇女把兔肉称为“美容肉”和“健美肉”，兔肉还易消化，是慢性胃炎、胃及十二指肠溃疡、结肠炎患者的理想肉食。兔皮可制成兔皮大衣、帽子、皮领、手套等皮革产品，这些兔皮产品具有柔软、保暖、轻便、美观、吸湿等优点。兔粪可作为肥料和饲料等。兔头、兔脚、兔骨等均可加工成饲料，还可出口，兔的内脏可提炼出几十种高级药品。

肉兔业在世界各国仍处于发展阶段，我国畜禽肉的总产量每年在7000万吨以上，兔肉不足50万吨，所占比例尚不到1%。随着农业产业结构的进一步调整和生产方式的转变，国内外市场需求正在快速增加，国内肉兔市场正在不断扩大，每年平均以总量20%～30%的速度递增，全国诞生了数十家以兔肉加工为主的企业，使国人消费兔肉更加便利。同时，兔肉也是国际市场上的畅销品，我国是冻兔肉的主要出口国之一，连续10年占世界第一，且出口量也在快速增加。目前，我国肉兔的饲养依然以户养为主，供种的场（户）多，而商品生产相对少；兔产品多，而优质产品少，缺乏规范、标准化的养殖和加工，这种养殖模式不能很好地适应肉兔业市场的需求。因此，今后肉兔业的发展应该走养殖、加工、产业化发展之路，向绿色、营养、保健、安全卫生方向拓展，依靠科技创新发展兔肉加工业，提倡冷却兔肉消费。同时，把传统技艺与现代化加工工艺结合起来，将作坊生产改为工厂化、标准化生产，改进工艺，增加花色品种，提高质量，实行现代化包装，延长保质期，以满足不同层次、不同消费群体对兔肉制品的需要。

为了肉兔业尽快走上标准化生产的道路，满足肉兔养殖户（场）对标准化肉兔生产技术的需要，编者就现有肉兔生产技术水平，结合国家地方相关政策法规，编写了《肉兔标准化生产技术》一书，从肉兔的品种标准化、繁殖标准化、饲养标准化、管理标准化、疫病防治标准化和产品加工标准化等6个方面对肉兔的标准化养殖进行了介绍。

由于编者的水平有限，不当和错漏之处在所难免，诚望批评指正。

感谢编写过程中黄炎坤教授的帮助和指正，同时对所有帮助完成此书的人一并表示衷心的感谢。

编　者

2006.8.15

目　　录

第一章　肉兔标准化生产的概念和意义

面临国际市场的激烈竞争，我国大量农产品因没有相应的标准而无法进入国际市场。因此，农业标准化已经成为农产品进入国际市场参与竞争的"绿卡"。发展农业标准化，是新世纪推进农业产业革命的战略要求，也是提高经济效益、增加农民收入、实现农业现代化的迫切要求。

国家对农业标准化生产高度重视，把标准化的畜牧业生产一直作为农业标准化生产的一个重点。中华人民共和国第十届全国人民代表大会常务委员会第十九次会议于2005年12月29日通过了《中华人民共和国畜牧法》，并于2006年7月1日施行。《中华人民共和国畜牧法》强调了标准化的畜牧业生产，为新时期我国现代畜牧业的发展奠定了重要的法律基础。

一、肉兔标准化生产的概念

"标准化生产"是指按照国家标准、行业标准(或地方标准)规定的产地环境质量标准、产品质量标准和生产技术规范，组织实施的产品的标准化生产过程。

标准化畜牧业生产的主要依据是《中华人民共和国标准化法》、《中华人民共和国畜牧法》、国家质检总局、农业部和各省、直辖市、自治区公布的产品的质量技术标准，包括无公害生产和绿色食品生产。

"肉兔标准化生产"是在《中华人民共和国畜牧法》基础上，

结合《SB/T10247 肉兔配合饲料》、《NY5129 无公害食品　兔肉》、《NY5130 无公害食品　肉兔饲养兽药使用准则》、《NY5131 无公害食品　肉兔饲养兽医防疫准则》、《NY5132 无公害食品　肉兔饲养饲料使用准则》、《NY/T5133 无公害食品　肉兔饲养管理准则》、《GB13078　饲料卫生标准》、《GB/T16765 颗粒饲料通用技术条件》和《NY/T388 畜禽场环境质量标准》等法律、法规进行规范、合理的肉兔生产。

“肉兔标准化生产”包括了无公害肉兔生产和绿色食品生产，其内容主要涉及肉兔的品种、繁殖、营养、饲养管理、疫病防治以及产品加工六个方面。肉兔品种标准化目前没有统一的法规政策，主要以良种化为核心，从料肉比、繁殖能力、适应性能、疫病抵抗力等生产性能进行综合考虑，经过引种、选种、杂交等育种手段选育出具有优良生产性能、生活力强、繁殖率高、耐粗饲、适合本地养殖的最佳优良品种；繁殖标准化主要是借助现代繁殖技术手段，在科学的饲养管理条件下，尽最大努力提高肉兔的繁殖能力，除了一直沿用的选择性选配外，包括规范化的人工授精技术等；饲养标准化主要是按照饲养标准，对不同繁殖、生长各阶段的肉兔进行合理的饲粮搭配；管理标准化首先是根据肉兔的生活习性，按照相关政策法规进行兔场的选择、布局，建设兔舍和环境控制，按照不同生理阶段和季节制定肉兔的管理规则；疫病防治标准化主要是制定规范的肉兔免疫程序，在疫病一旦暴发的情况下，按照国家地方相关法律政策合理选择和使用药物；产品标准化是在标准化的品种、饲养管理基础之上，要求产品的加工处理和产品质量标准符合国家和地方相关标准。

二、肉兔标准化生产的意义

(一)保证兔肉的质量与安全

随着农业和农村经济进入新的发展阶段,兔肉安全问题已成为肉兔养殖业发展的主要矛盾之一。近年来,农药、兽药、饲料添加剂、化肥、激素等的使用不断增加,在为我国农业生产发挥积极作用的同时,也产生了农业污染日益突出的问题。兔肉质量安全问题的存在不仅危害人们的生命健康、损害消费者利益,而且也影响兔肉的市场竞争力和出口,损害了我国的国际形象。当前应迅速建立兔肉安全标准体系和监督检测体系。在两个体系建设的基础上,实行从产地到加工、销售全过程的质量安全控制。

(二)提高兔肉的市场竞争力,推进肉兔养殖的产业化进程

随着农业国际化日益增强,农产品、农业技术以及信息的相互交流和交换越来越频繁,竞争的全球化和区域经济一体化的迅速发展,提高农业标准化的发展水平,已成为提高一个国家产品的市场竞争力的重要措施。提高我国农产品的国际竞争力,已成为我国农业发展的当务之急。目前,推动农业产业化发展是当前乃至今后国家面临的重大主题,农业产业化的实质是市场化和社会化。按照市场需求组织农业生产是产业化的发展方向。在我国以家庭经营为主体的肉兔生产模式中,如何将市场对肉兔产品的具体需求如品种、规格、加工、包装、质量、品牌等量化为农民可以操作的标准,就成为具体而

现实的问题。使肉兔产品与工业产品一样成为真正的标准化产品，对肉兔养殖向产业化推进是至关重要的。

（三）实现肉兔生产的可持续发展

标准化肉兔生产从品种到繁殖、饲料、饲养管理、疫病防治及产品加工几个方面规范了肉兔的生产加工程序，提供了技术支持，从而推进肉兔从作坊生产到工厂化、规模化的生产；标准化肉兔生产可使肉兔业向绿色、营养、保健、安全卫生方向拓展，适应肉兔业国内乃至国际市场的需求，提高竞争力；也可为农村解决剩余劳动力问题，促进农村经济的发展，因而为肉兔养殖业的可持续发展创造了条件。

第二章　肉兔养殖品种标准化

肉兔是在经济或体型结构上用于生产兔肉的品种(系)。肉兔养殖品种标准化主要在于通过系统的选种、选配和杂交改良、培育等综合措施,繁殖和改良现有品种,培育出具有优良生产性能、生活力强、繁殖率高、耐粗饲、适应性强的新品种和新品系,以便适应经济发展的要求和获得更高的经济效益。

一、标准化品种要求

(一)生长速度

肉兔的生长发育主要看体重、体尺的增长,凡选留做种兔的其体重和体尺均要求在全群平均数以上(表1)。

表1　主要肉兔品种体重、体尺最低选留标准

品　种	体重(千克)		成年体尺(厘米)	
	3月龄	成　年	体　尺	胸　围
新西兰白兔	2.3	4.5	48	34
加利福尼亚兔	2.5	4.5	50	34
比利时兔	2.8	6.0	65	40
日本大耳兔	2.5	5.5	67	37
青紫蓝兔	2.3	4.5	50	24
丹麦白兔	2.3	4.0	50	28

8～10周龄体重应达1.8千克以上。

测定肉兔生长发育的具体指标为生长速度，即日增重（克/日）。其主要是指断奶至屠宰这一段时期的平均日增重，商品肉兔按4～10周龄计算，种用肉兔按6～13周龄计算。

（二）饲料转化率

肉兔对饲料的利用转化能力的具体指标为饲料转化率，即料肉比。料肉比是指每增加1千克体重消耗的饲料千克量。

30（断奶）～70日龄期间的料肉比应为2.88～3.15∶1，如加上出生至断奶期间分担的哺乳母兔消耗的饲料，则料肉比应在3.85∶1以内。以上是指只喂配合饲料不给青粗饲料情况下的料肉比，如搭配青粗料，料肉比应减少15%。

（三）繁殖力

繁殖力的测定指标有受胎率、产仔数、产活仔数、初生窝重、泌乳力和断奶窝重，其中窝产仔数是最主要的一项。兔在1～6胎有着较平稳的产仔数，因而可根据最初2～3胎记录来判断其产仔数高低。一般窝产仔数应达7～9只，断奶时成活6～7只。肉兔的经济效益主要是生长速度、料肉比、繁殖力3项指标的综合效应，不同品种的这3项指标都有各自的标准。应选择3项都在品种标准以上又无外貌缺陷的个体留种，任何一项低于标准的应坚决舍弃，尤其是种公兔要坚持品种标准，且必须高于所选母兔的平均水平。

（四）遗传性能

标准化种兔必须具备以下两条件：一是种兔本身有良好的产肉和繁殖性能；二是能将这些优良性能传给后代。两者缺一不可。如果不具备第一条，就失去了留种的资格；但只有第一条而缺少第二条，也不能达到留种的目的。为什么人们强调杂种兔不能留种，就是因为它们不能将自身的高产性能真实地遗传给下一代，以致后代出现良莠不齐的分离现象。所以，留种（尤其是种公兔）一定要留纯种的优秀个体。

（五）体质状况

体质是有机体功能和结构的综合表现，它表现在生产性能、健康状况、抗病能力、神经类型和适应性。能保证生产性能的充分发挥和一代一代继续不断地提高。

二、标准化引种技术

正确的引种技术是发展肉兔生产成败的关键，《NY/T 5133－2002 无公害食品　肉兔饲养管理准则》规定：生产商品肉兔的种兔应来自有种兔生产经营许可证的种兔场，种兔应生长发育正常，健康无病；引进的种兔应隔离饲养 30～40 天，经观察无病后，方可引入生产区进行饲养；不应从疫区引进种兔。因此，引种前应了解种兔场的情况，要选择建场时间较长的正规种兔场，除有完整的档案资料保证血统纯正外，还要认真进行选择鉴定。

（一）引种前准备工作

做好兔笼舍和饲料的贮备，并做好清洁卫生和防疫的工作，既要保证引进的种兔有一个舒适安静良好的环境，又要让兔吃饱吃好。有条件的，应做引种试验。

（二）选最佳引种季节

肉兔引种以春、秋为宜，以气温在 15℃～25℃比较合适。该时期气候好，饲料条件也好，有利于兔的生长发育。特别是秋季种兔引回后经过一个冬季的饲养，对当地的气候条件和饲养方式有所适应，至翌年春季就可配种繁殖，投入生产，有利于提高引种后的经济效益和社会效益。夏季气温高，兔最怕热，应激反应严重；冬季气候寒冷，兔体小易受寒引起发病，饲料条件较差，会造成死亡，带来不必要的经济损失。

（三）引种年龄

肉兔引种应以 3～4 月龄的青年兔为主要引种对象。仔兔的适应性和抗病力极差，最容易死亡，引种成活率低。老年兔的利用年限较短，生产性能、种用价值低，也不宜引进做种用。而青年兔对环境条件有较强的适应能力，并表现出一定的遗传性能和生产性能，引种的成活率高，利用年限长，种用价值高，能获得较高的经济效益。

（四）引种数量

初养兔户，开始引种数量一般不宜过多，以 8～10 只、公母比例 1∶4～5 为宜，待取得经验后再逐步扩大。从引进品种来讲，以 1 个或 2 个品种为宜。如果有条件的（包括经济实力和场地、笼位、饲料、技术等），引进数量多，则见效快，能尽早地达到引种的目的和完成计划兔群的规模。

（五）种兔运输

种兔运输以前应做好一切准备工作，运输前饲喂 1 次，但不能喂得过饱，以 7～8 成为度。运输时可用竹笼、铁丝笼或纸箱等装运，笼高以不让公兔跳上母兔爬跨为度，笼底间隙或笼眼以兔脚插不进去为宜，笼底最好放些消毒过的干草，还必须通风良好，笼内不能拥挤，有一定活动范围。笼底要铺塑料布，使粪尿不漏出。在装笼之前，应认真全面地进行健康检查和检疫，确认无病时，向当地兽医部门领取检疫、运输证明。此外，每个笼具应有一个标签，注明品种（系）名称、性别、年龄、体重和只数，以便于途中管理和到达目的地后的分发。

（六）引种后的管理

兔引进后要及时分散，单笼饲养。同时要注意做好以下三项工作。

第一，种兔经过长途运输后，往往会出现感冒、打喷嚏、腹泻和暴发巴氏杆菌病等。因此，到达目的地后，应先让兔休息 2～4 小时，然后再给予清洁的饮水，最好在饮水中放一些葡萄糖，或饮用 0.01%高锰酸钾水，要严禁暴饮暴食。

第二，在饲养管理方面，饲料要逐渐由原产地向引入地慎重过渡，切忌突然改变，引起应激反应。喂量一定要控制，第一天喂量占平时喂量的 1/2 左右，3 天后恢复到正常喂量。前 2～3 天饲料中拌入磺胺类药物、土霉素，以防消化道和呼吸道疾病。为防疥癣，逐只用 1.5%敌百虫液浸脚。

第三，运抵引入地后，要隔离观察 15～30 天，待采食正常，经检验证明确实无病，身体健康才能转入健康兔舍或繁殖兔群饲养。在隔离期间，发现异常或病兔应及时分开，加强护理和治疗，防止疾病蔓延。同时，要做好防鼠、防兽害工作。

三、标准化选种依据

(一)外貌鉴定

外貌是肉兔生理结构的反映,与生产性能有密切关系,是鉴定肉兔生长发育和健康状况好坏的标志。通过外貌鉴定,可初步判定肉兔的品种纯度、健康状况、生长发育和生产性能。其鉴定部位和要求如下(图 1)。

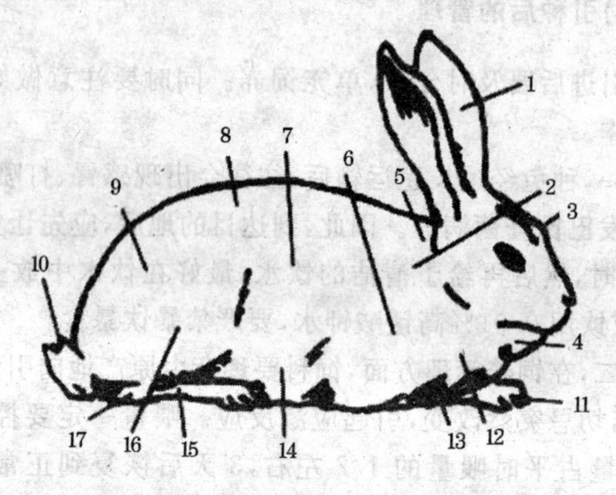

图 1　肉兔外观各部位名称

1. 耳　2. 颈　3. 头　4. 肉髯　5. 后颈　6. 肩
7. 体侧　8. 背　9. 臀　10. 尾　11. 爪　12. 胸
13. 前脚　14. 腹　15. 后脚　16. 股　17. 飞节

1. 头部　根据头部形状,可以大致说明肉兔的体质类型。大头一般为粗糙型,头小、清秀为细致型;头大小与身体各部相称,一般为结实型。种兔要求眼大,明亮、炯炯有神。

眼的颜色一般与被毛相配，如白毛红眼，青紫蓝兔为栗色眼等。如果不符合某品种特征时，即说明该兔不纯。兔耳的大小和形状随品种不同而异。一般两耳上举、直立，但不同品种耳的大小、倾斜角度很不一样。如日本大耳兔耳长如柳叶；法国公羊兔耳下垂，比其他兔耳长。

2. 体躯　要求肌肉丰满，发育良好，胸部宽而深，背腰广平，臀部圆而宽，达到种用体况标准。一类膘双背脊，用手摸不着腰部脊椎骨，为9～10成膘。因太肥，暂不能做种用。二类膘能用手摸着腰部脊椎骨，但不明显。手抓兔时，兔使劲挣扎，说明体质健壮，为7～8成膘，适用于做种用。三类膘手摸背脊骨如算盘珠，皮肤松弛，挣扎无力，为5～6成膘。加强饲养管理，10天后即能做种用。四类膘全身皮包骨，手抓无挣扎力，为3～4成膘，根本不能留做种用，应酌情淘汰。

3. 四肢　要求强壮有力，肢势端正，肌肉发达，前肢行走无“划水”现象，后肢无跛行。

4. 被毛　要求密而有光泽，回弹力好。

5. 体重与体尺　体重和体尺是衡量肉兔生长发育情况的重要依据。体大，产肉多。选种时，应选择同品种同龄兔中体重和体尺较大的留种。

6. 其他　公兔要求睾丸大而匀称，性欲旺盛，隐睾、单睾都不能留做种用。母兔要求母性好，产仔率高，乳头4～5对，无瞎乳头，分布均匀；外阴部洁净，无溃烂斑。凡产前不拉毛营巢，产后不肯哺乳，甚至有吃食仔兔恶癖者应淘汰。

（二）生产性能评定

1. 产肉性能　主要根据生长速度（平均日增重）、饲料转化率、屠宰率和胴体品质（相应胴体长、胴体腰宽、瘦肉率、肉骨比和脂肪率)等项目进行评定。对肉兔选种来讲,生产性能的评定尤为重要。

2. 繁殖性能 主要根据受胎率、产仔数、产活仔数、泌乳力、断奶成活率、幼兔成活率、育成兔成活率、商品兔成活率等项目进行评定。

近年来,各国对肉兔的选种制定了很多指标和要求,特别是对母兔的繁殖参数和肉兔的育肥指标更为严格。包括生长速度、胴体重、屠宰率、料肉比及肉用品质等(表2,表3)。

表2 母兔的主要繁殖参数

生产指标	最低水平	最佳水平
每只母兔年提供断奶仔兔数(只)	40	50
每只母兔笼位年提供断奶仔兔数(只)	45	55
母兔配种率(%)	70	85
配种母兔分娩率(%)	75	85
平均每胎产仔数(只)	8	9
每胎产活仔兔数(只)	7.5	8.5
每只母兔笼位年产仔胎数(胎)	6	7.5
2胎产仔的间隔时间(日)	60	50
仔兔出生至断奶的死亡率(%)	25	18
每胎平均断奶仔兔数(只)	6	7
每只哺乳母兔哺育断奶仔兔数(只)	6.5	7.5
30日龄断奶仔兔的体重(克)	500	600
断奶仔兔每增重1千克的饲料消耗量(千克)	4.5	4
母兔淘汰率(%)	8	5

表3　肉兔育肥指标

生产指标	最低水平	最佳水平
生长速度(克/日)	33	38
饲料转化率(千克饲料/千克增重)	3.5	3.0
屠宰日龄(日)	80	75
屠宰率(%)	58	62
死亡率(%)	7	4
100只母兔每周提供屠宰兔的数量(只)	70	100

四、标准化选种方法

随着家畜育种学的发展，肉兔的选种方法在上述评定的基础上，可采用以下办法。

(一)个体选择

主要根据肉兔本身的质量性状或数量性状，在一个兔群内以个体表型值的差异选择优秀个体，这种方法适用于一些遗传力高的性状选择。如肉兔70日龄的生长速度和饲料报酬，这两个性状的遗传力都在0.4以上，采用个体选择法就能获得较好的选择效果。

对肉用兔，进行个体选择时，应主要评定生长速度、体型大小、肥育性能、屠宰率、肉的品质和饲料报酬。

(二)家系选择

家系选择是以整个家系作为一个单位，根据家系的平均值进行选择。在肉兔育种上主要根据系谱鉴定,同胞、半同胞测验或后裔鉴定来选择种兔。这种方法适用于一些遗传力低的性状选择,如繁殖力、泌乳力和成活率等。因为遗传力低的性状,其表现型的好坏,受环境因素的影响很大,如果只根据个体选择,准确性较差,而用家系选择则能比较正确地反映家系的基因型,所以选择效果比较好。

1. 系谱鉴定 系谱鉴定是家系选择的一种形式。它是根据祖先以往的生产性能,来选择后代的育种方法。如在系谱中发现有较多的种用品质优良的祖先,它本身的品质也是优良的。这种方法简便易行,对于幼兔的早期选留和淘汰,有一定的实际意义。根据遗传规律,对子代品质影响最大的是亲代(父母),其次是祖代、曾祖代。祖先越远,影响越小。在具体应用时,只要查到两三代就够了。但这两三代必须有正确且完善的生产记录,才能保证选择的正确性。

2. 同胞、半同胞测验 在现代家兔育种工作中,最广泛采用的是通过同胞、半同胞测验进行家系选择。因为用该法能在短时间内得出结果,这样就缩短了世代间隔,加快育种工作的进程。凡遗传力越低的性状,如繁殖力、泌乳力和成活率等,同胞、半同胞数越多,则测定效果越好。

3. 后裔鉴定 根据后代的好坏来选择种兔是最可靠的选种依据,但后代鉴定要对大量后代的性能进行评定,然后才能判断种兔的好坏。因此,要比系谱鉴定和本身性能的鉴定复杂。由于种公兔所生的后代数量大大超过母兔,所以在一般情况下,只对种公兔实行后裔鉴定。

进行后裔鉴定时,兔场可采用分组编号、固定配种的方法,即先将种公母兔分别按顺序编号,然后将每只种公兔和8～10只母兔进行固定交配,即分成许多小组。在配种产仔后，根据每组平均受胎率、产仔数及仔兔发育情况，就可鉴定种公兔的好坏，同时每个小组内，又可根据每只母兔产仔数、哺乳好坏和仔兔成活率来鉴定母兔好坏。

（三）多性状同时选择

为使种兔在产肉力、繁殖力、生活力等几个方面都提高，常采用多个性状选择。其方法如下。

1. 顺序选择法 先选某一个性状，待达到指标后，再选另一个性状，以此类推。这种方法对某个性状提高较快，但对整体提高来说，花费的时间较长，还可能出现顾此失彼的现象。

2. 独立淘汰法（筛选法） 把要选的各性状拟一个最低要求指标，都达到者留做种用，一项未达到者淘汰。这种方法简单易行，能够比较全面地照顾各种性状，但容易将一些个别性状特别优秀的个体淘汰掉。

3. 选择指数法 把所要选择的各方面性状，按其遗传特点和经济效果综合成为一个指数，然后按指数高低进行选留。一般来说，选择指数法要优于上面介绍的两种方法。

4. 总分法 对要选择的多个性状，根据每个性状的优劣进行评分，将几个性状所得的分数累计，总分最高的个体留种。例如，某兔场对一群兔进行选择，希望选出产仔数多（L）、早熟（M）、肉质优良（Q）、毛皮品质好（P）的个体留做种用。根据每个性状优劣分为10级。分别计为1～10分，现有6只肉兔评分结果如表4所示。

表4　6只肉兔主要性状评分结果

兔　号	项　　目				
	产仔数(L)	早熟性(M)	肉质(Q)	毛皮品质(P)	总　分
1	9	9	8	10	36
2	5	10	9	10	34
3	10	5	10	7	32
4	6	10	7	7	30
5	7	7	7	7	28
6	5	4	9	8	26

从6只肉兔中只选3只留做种用，可采用剔除法，规定每个性状的最低标准为6分，只要有一个性状不满6分者即予淘汰，这样应选留1，4，5号兔；若采用选每个性状的最优法，则产仔数多者应选留3，1，5号兔，早熟者应选留2，4，1号兔，肉质优良者应选留3，2，6号兔，毛皮品质好者应选留1，2，6号兔；若采用总分法，将选中1，2，3号兔。比较三种选留法，总分法最大的优点是能得到性状间的平衡，从而选出平均情况下最好的种兔。

这种方法比较简单，可以试用。

(四)综合选择

综合选择又称阶段选择。就是综合运用上述选择方法，把真正优秀的个体选出来做种用。但是对一只兔来说，要综合以上三方面进行审查，不是一次就能完成的，通常要分为以下三个阶段进行。

1. 第一次选择　当仔兔断奶时，外形尚未固定，本身除了断奶体重外，再没有可选择的依据，因此重点根据祖先的表现和同胞兄妹发育均匀度,将符合标准的列入育种群,不符合育种要求的列入生产群。这次选择称为初选。

2. 第二次选择 在生后5～6月龄时,兔本身得到一定的发育,已达到性成熟阶段,此时以外貌鉴定为主,结合体重、体尺大小评定生长发育情况,称为再选。把不符合标准的从育种群降入生产群,并从育种群中选出最优秀的种兔组成核心群。

3. 第三次选择 一般在繁殖2～3胎后进行,以后裔测定为主,根据本身的繁殖性能及后裔的生长速度、饲料报酬等进一步评定种兔的优劣情况,将品质特别优良的种兔保存在核心群中,有条件时组成精选群。

实践证明:选择后备种兔群时,一定要从良种母兔所产的3～5胎幼兔中选留,开始选留的数量应比实际需要量多1～2倍,而后备公兔最好应达到10∶1或5∶1的选择强度。

五、标准化选配技术

选配是选种的继续。选配就是有意识、有计划地选择公、母兔进行配种繁殖,目的在于获得变异和巩固遗传特性,以便逐代提高兔群品质,符合育种的要求。选配方法如下。

(一)表型选配

表型选配又称品质选配,就是根据外表性状或品质选择公母兔配种的方法。包括同质选配和异质选配两种。

1. 同质选配 就是选择性状相同、性能一致或育种值相似的优秀公母兔交配,以期获得优秀后代。能使这些优良性能在后代中获得巩固和提高,也就有可能把个体品质转化为群体品质，使优秀的个体增加。另外，对所选的优良性状也能够稳定下来，使兔群逐渐趋于同质化。这种方法适用于优秀公母兔之间，或在兔群中已有了合乎理想型种兔时使用。

2. 异质选配 异质选配可分为两种情况：一种是选择具有不同优良性状的公母兔交配，目的是获得兼有双亲不同优点的后代。例如，选择产肉性能高的公兔与产仔性能好的母兔交配。另一种是选择同一性状但优劣程度不同的公母兔交配，目的是使后代在此性状上获得较大的改进和提高，经常是在杂交繁育或育成新品种时使用。采用异质选配时，不允许有相同缺点的或相反缺点的公母兔交配，如凹背的配凹背的或以凹背的与凸背的交配，而应选配以背腰平直、体质结实的个体，以纠正其缺陷。

(二)亲缘选配

具有共同祖先的公母兔交配叫做亲缘交配。一般把5代以内有亲缘关系的又叫近亲交配，简称近交；而遥远的共同祖先对后代的影响是极其微弱，像7代以上的亲缘关系，即可称远亲交配，简称远交。亲缘选配，通常是为了避免不必要的近亲繁殖或者是为了一些特殊的育种目的，有意识地进行亲缘交配而出现的一种选配方式。

亲缘选配的缺点，是会带来繁殖力下降，后代生活力降低等不良影响。据报道，在肉兔繁育中，近交系数增加10%，就会使每窝断奶仔兔数减少0.37只。资料表明，近交对繁殖性能的危害最为突出。因此，在生产实践中应尽量避免三代以内有亲缘关系的公母兔配种，以免后代产生各种近交衰退现象。

但近交也有其独特的优点，要看到近交有利的作用。近交可以导致后代群体纯合基因型的增加和杂合基因型的减少。因此，利用这个作用可提高兔群的纯度，加速固定优良性状，有利于稳定性状的遗传性，并巩固加强优良性状，使优者更优。如果是不利（有害）基因型的纯合，这也是好事，它一旦暴露，可利于淘汰。近交还可以使群体产生分化，这对保持品种或兔群复杂的遗传结构大有好处。因此，近交在育种上的作用和同质选配一样，而且作用更为迅速和显著。所以，亲缘选配是纯种繁育和新品种培育不可缺少的一种手段，它是可以使用的，关键在于使用的目的要明确，使用的方法要正确得当。

（三）种群选配

种群选配是研究配对双方的种群特性和配种的关系。它是根据配对双方是属于相同的，还是不同的种群选配的结果来揭示种群间配合力的内在规律，利用其规律，更好地为肉兔育种工作服务。种群选配包括两种。

1. 同种群选配　是选择相同种群的个体进行配种，这叫纯繁。通常把纯繁的后代叫纯种。纯种是指家兔本身及其祖先都属于同一种群，而且都具有该种群所特有的形态特征和生产性能。生产实践中把级进杂交 4 代以上的（含 4 代改良种血缘成分 93.75%）高血杂种，只要特征和性能与改良群体基本相似，都可以当做纯种。

同种群家兔的配对，最初可能是由地理条件的隔离而必然使用，以后则是为了保持优良品种的遗传纯度而有意识使用。其作用如下。

其一，巩固种群的遗传性，使种群固有的优良品质得以长期保持，并能迅速增加同种群（类型）的数量。

其二，提高种群现有的品质，使种群的生产水平不断稳步上升。

2. 异种群选配 是选择不同种群的个体进行交配，这叫杂交。通常把杂交的后代叫杂种。杂交作用如下。

其一，使基因（性状）重新组合，将不在一个群体中的基因集中到一个群体中来。

其二，产生杂种优势，杂交生产的后代在生活力、抗逆性及生产性能等方面都较纯种提高。

其三，杂种后代群体具有较大的变异，适应性更广泛，有利于选择和培育，是育种的好材料。

其四，杂交具有改良的作用，可以改变低产种群的生产方向，并迅速提高其生产性能。

由以上可知，同种群选配和异种群选配是肉兔业生产中不可缺少的选配方式。

（四）年龄选配

年龄选配是根据公母兔年龄进行选配的一种方法。兔的年龄与遗传稳定性有关，对其子代的经济价值有直接影响，一般以1～2岁的壮年公母兔配种效果最好。在生产实践中，通常主张壮年公兔配壮年母兔，壮年公兔配青年母兔或壮年公兔配老年母兔效果较好。而青年公兔配青年母兔，老年公兔配老年母兔，或青年公兔配老年母兔等，效果都比较差。所以在养兔配种工作中，要以壮龄公兔为主，青年公兔为辅，老龄公兔淘汰。

（五）等级选配

等级选配是把来源、生产性能、体质外貌及其他指标基本相同的，以及相同等级的母兔编为一群，然后选择适当等级的公兔与它们进行配种。这种选配方法，一般是公兔比母兔群的等级要高1～2级。这种选配方法简单易行，只要公兔选配适当，就能收到良好效果。

总之，选配时应考虑指标的全面性，不能只注意到一两个片面性指标，而忽略其他指标。如繁殖性能、抗病能力、生长发育速度、体质外貌匀称情况等，否则不会达到预期目的。更不能用某种外形上的特征去克服另外相反的外形缺陷。如背腰凹陷的母兔，绝不能用背腰凸出的公兔去矫正，而只能用背腰平直的公兔去交配，才能获得理想的后代。

六、标准化繁育方法

肉兔的繁育方法，按交配时亲缘关系的不同，一般分为纯种繁育和杂交繁育两种，均可作为生产性繁殖或育种性繁殖。

（一）纯种繁育

纯种繁育就是用同一品种内的公母兔进行交配繁殖，使本品种的优良特性稳定地遗传给后代，产生相似的个体，保持本品种的特征，或不断改进其经济性状。在采用纯种繁育时，必须进行严格的选种选配，及时淘汰不符合标准的后代，这样才能使兔群的优良性状不断地巩固和提高。否则，采取纯种繁育，也会导致丧失本品种的优良特性和特征，造成品种退化。

在纯种繁育中，有近亲繁育、远亲繁育和品系繁育之分，它们不同程度地被应用于生产实践和育种上。

近亲繁育是用来交配的种兔，它们的直系血缘关系在4

代以内，旁系血缘关系在3代以内的，都属于近亲繁殖。近亲繁殖可适当应用于育种，主要用来培育不同的品系。在大群生产中要尽量杜绝近亲繁殖。

远亲繁育是用来交配的种兔，它们的直系血缘关系为5～7代，旁系血缘关系为4～5代的，都属于远亲繁殖。一般生产场或良种繁育场为了大量繁殖优良品种，广泛采用远亲繁育的培育方法。在生产中"换种"就是远亲繁殖的具体应用。"换种"就是种兔每连续繁殖3年就不用了，要从外地引入在系谱上相距愈远愈好，饲养环境上也是相距愈远愈好的同品种的种公兔做种，这样可起到血缘更新、防止近亲繁殖的弊病。

品系繁育是纯种繁育中比较重要的方法。是人们有意识、有目的地在一个品种内建立不同的品系，使不同品系的公母兔进行交配繁殖。建立品系的方法是，选1只具有特别优良性能的种公兔为祖先，通过严格的选配，选出性能优良的近亲母兔与它进行交配繁殖；以后各代所繁殖的兔只，它们的血缘关系都尽可能保持和这个祖先接近，并对所繁殖的后代兔只进行严格的选择和良好的培育，而形成具有大量兔只的品系群。由于这一特定品系是用1只优良公兔祖先建立的，因此把这只优良公兔祖先称为系祖。通常建立品系是用公兔做系祖而不是用母兔，这是因为考虑到公兔对后代影响的数量比母兔大，从而有更多的机会用后裔测定来证明它的种用价值；如果用母兔做祖先，建立血缘尽可能与它相接近的兔群，则这一兔群称为品族，该母兔祖先则称为族祖。不同品系，既在体型外貌、生理结构、生活习性和经济性状等方面具有本品种的共同特性，又各表现出该系祖的某些性状特点。因此，进行品系繁殖，既可使性能特别优良的种兔的优良遗传性状被集中并迅速固定在系谱中，又可提高后代的适应能力和生产力，防止品种退化，还有促进品种进化的可能。品系间杂交，通过品系间的结合，不仅提高产量，还可以培育出新的品系。品系繁育兼有近亲繁育和远亲繁育的优点建立品系，是纯种繁育最好的办法。目前生产中十分重视进行专业化的品系繁殖。

（二）杂交繁育

利用2个或2个以上的品种或品系进行交配的方法称杂交繁育。所生后代称为杂种。杂交可以获得兼有不同品种或品系特征的后代，有较广的遗传基础，具有较大的内在矛盾，可以提高生活力而出现“杂交优势”，即后代生产性能和经济效益等都不同程度地高于其双亲的平均值。所以，不论在大群生产或在育种中，都广泛应用杂交繁育。目前在肉兔生产中常用的杂交方式有以下四种。

1. 经济杂交 又称简单杂交。利用2个品种或品系的公母兔交配繁殖，直接利用杂种一代所表现出来的“杂种优势”，提高生产兔群的经济效益，杂种一代一般具有生活力强、生长发育快、产肉性能高等优点。例如，新西兰白兔与加利福尼亚兔杂交，杂种的8周龄平均体重达2.03千克，新西兰白兔为1.93千克，加利福尼亚兔为1.68千克（表5）。

表5 新西兰白兔与加利福尼亚兔杂交效果

项　目	新西兰白兔	加利福尼亚兔	加×新母兔
每只母兔平均产仔数（只）	37.23	37.20	41.34
平均每胎产仔数（只）	8.1	7.9	8.6
平均每窝断奶仔兔数（只）	7.3	7.6	7.8
8周龄平均体重（千克）	1.93	1.68	2.03
料重比	3.41∶1	3.01∶1	3.05∶1

经济杂交可采用两品种间或多品种间的杂交，杂种后代不分公母兔，一律不做种用，只供生产商品肉兔。

2. 改良杂交　也称导入或引入杂交。当某个品种的品质基本符合要求，但还存在某些不足之处时，选择理想品种的公兔与这个品种的母兔进行杂交改良，以弥补不足之处。一般只杂交 1 次，然后从一代杂种中选出优良的公母兔与原品种公母兔回交，再从第二代或第三代中(含外血 1/4 或 1/8)选出理想型进行自交固定(图 2)。

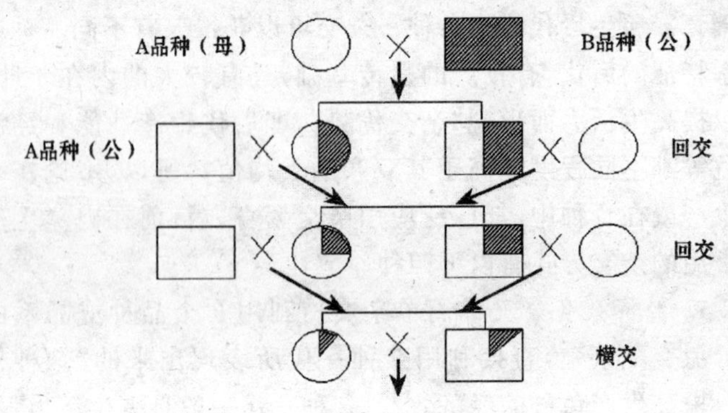

图 2　肉兔改良杂交示意图

在选择引入品种时，应考虑需要引入的性状，同时也要考虑引入品种和被改良的品种，在体质外貌和生产性能等方面有类似的性状。否则，杂交后不但达不到目的，反而会造成品种混乱现象。

3. 级进杂交　又称吸收杂交或改造杂交。一般是在当地品种生产性能低、需要加以根本改进时，连续多代地利用引进的同一良种公兔交配，使当地品种的血缘成分愈来愈少，改良品种的血缘成分愈来愈多，达到理想要求后，停止杂交进行自群繁育(图 3)。目的是改良现有低产品种，提高兔群质量。

值得注意的是如果不顾环境条件，单纯强调提高生产性能，追求高代杂种，不但会造成生活力和适应性下降，而且还影响生产力的提高。如用日本大耳白兔或新西兰白兔改良中国白兔，就可采用这种办法。一代和二代杂种依然再与日本大耳白兔或新西兰白兔交配，一般认为杂交到第三代，即杂种兔含日本大耳白兔或新西兰白兔血缘 87.5%，其体型和产肉性能与日本大耳白兔或新西兰白兔相一致，这时就可进行杂种兔的自群繁育。

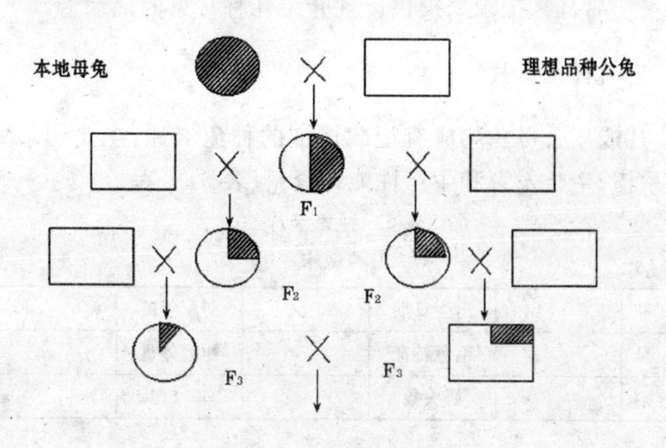

图 3　级进杂交示意图

4. 育成杂交　主要用于培育新品种，又分简单育成杂交和复杂育成杂交。世界上许多著名肉兔品种都是以育成杂交培育成的，如青紫蓝兔和我国近年育成的哈白兔等。育成杂交一般分为 3 个阶段。

(1)杂交阶段　通过 2 个或 2 个以上品种的公母兔杂交，使各个品种的优点尽量在杂种后代中结合，目的是获得预期目标的理想型肉兔。

(2)固定阶段　当杂交后代达到理想型要求后，即可停止杂交而进行横交固定。目的是固定理想型性状，通常采用近交或品系繁育方法。

(3)提高阶段　通过大量繁殖，迅速增加理想型数量和扩大分布地区，目的是不断完善品种结构和提高品种质量。

七、标准化种兔档案

种兔档案是育种、繁殖和饲养管理工作中不可缺少的资料，主要靠日常记录来提供。现介绍几种常见的记录卡。

(一)种兔卡片

凡成年公母兔均应有记载详细的种兔卡片，主要记录兔号、系谱、生长发育和生产性能等资料(表6)。

表6　种兔卡片

①种兔卡

品　种		出生日期		初配年龄	
耳　号		毛色特征		初配体重	
性　别		奶头数		来　源	

②系　谱

项　目	父　系		母　系	
耳　号				
品　种				
体　重				
等　级				
耳　号				
品　种				
体　重				
等　级				

续②系谱

项　目	父　系				母　系			
耳　号								
品　种								
体　重								
等　级								

③产仔哺乳记录

年　别	月　龄	体　重	体　长	胸　围	鉴定等级

年别	胎次	与配公兔		产仔日期	产　仔				断　奶		留种仔兔	
		耳号	品种		总数	死胎数	活仔		只数	窝重（克）	公兔	母兔
							只数	窝重				

(二)种兔配种繁殖记录

母兔主要记录配种胎次、日期、分娩日期、产仔数、初生重、断奶重等；公兔主要记录配种年龄、体重、配种日期、配种效果等(如表7)。

表7　种兔配种繁殖记录

①母兔配种繁殖记录

耳号	胎次	配种日期	与配公兔		分　娩				断　奶			留　种	
			耳号	品种	日期	产仔数	活仔数	窝重	日期	只数	体重	耳号	体重

②公兔配种繁殖记录

年别	与配母兔		妊娠母兔		产仔		断奶		备注
	品种	耳号	品种	耳号	总数	体重	总数	体重	

(三)种兔生长发育记录

主要记录种兔的初生重、断奶重及3月龄体重、6月龄的体重、体尺和成年体重(表8)。

表8　种兔生长发育记录

品种	耳号	性别	出生		断奶重	3月龄重	6月龄			成年体重	备注
			日期	体重			体重	体长	胸围		

(四)肉兔育肥成绩记录

主要记录断奶重、60～90日龄增重及饲料报酬(表9)。

表9　肉兔育肥成绩表

品种	耳号	笼号	性别	出生日期	断奶		60日龄				70日龄				80日龄				90日龄				全期		耗料			饲料报酬	
					日期	体重	日期	体重	增重	日增重	日期	体重	增重	日增重	日期	体重	增重	日增重	日期	体重	增重	日增重	增重	日增重	混合料	青草	增重	混合料	青草

八、国内育成品种

目前,肉兔品种很多,按体型大致可分为大、中、小3型,体重 5 千克以上者为大型兔，3～5 千克为中型兔，3 千克以下为小型兔。我国饲养数量较多的肉兔品种，主要有以下几种。

（一）中国白兔

中国白兔又称为菜兔，是中国古老的地方品种，分布于全国各地，以四川省成都平原最多。

1. 外貌特征 中国白兔属小型肉皮兼用兔，全身结构紧凑而匀称；被毛白色居多，也有黑、灰、麻、棕等色，毛短而紧密，皮板较厚；头小清秀，耳短厚、直立，白兔红眼，杂色兔眼为褐色，体躯长窄，四肢健壮，体质结实。

2. 生产性能 中国白兔为小型早熟品种。仔兔初生重 40～50 克；30 日龄断奶体重 300～450 克，3 月龄体重 1.2～1.3 千克；成年公兔体重 2.2～3 千克，母兔 1.8～2 千克。中国白兔全净膛屠宰率为 52%，半净膛为 54%。皮张面积平均为 967.9 平方厘米，可达甲级皮的水平。

3. 繁殖性能 中国白兔繁殖性能好，母兔乳头多为 6 对，年产 5～6 窝，每窝产仔 8～10 只，最高可达 15 只。母兔性情温驯，泌乳力强，哺育率高。

4. 主要特点 中国白兔对生活环境和气候条件的适应性强，抗病、抗寒、耐粗饲是最大优点，与外来品种杂交有明显的杂交优势，是优良的育种材料。但不足之处是体格偏小，生长速度缓慢，产肉性能不高，饲料报酬较低。

（二）太行山兔

太行山兔又名虎皮黄兔，原产于河北省井陉、平台等县，是在我国经过多年选育而成的一个优良地方品种。

1. 外貌特征 太行山兔分标准型和中型两种。

(1)标准型兔　全身毛色为栗黄色，腹部毛为淡白色。头清秀，耳较短厚直立，体型紧凑，背腰宽平，四肢健壮，体质结实。成年兔体重，公兔平均3.87千克，母兔3.54千克。

(2)中型兔　全身毛色为深黄色，臀两侧和后背略带黑毛尖。头粗壮，脑门宽圆，耳长直立，背腰宽长，后躯发达，体质结实。成年兔体重，公兔平均4.31千克，母兔4.37千克。

2. 繁殖性能　太行山兔耐寒，耐粗饲，繁殖力高，年产5～7胎，胎均产仔8.2只。母兔母性好，泌乳力强。

3. 主要特点　太行山兔的皮板和毛质量都很好，且颜色漂亮，遗传性比较稳定，适应性和抗病力特别强，是一个较好的皮肉兼用新兔种。缺点是早期生长发育比较缓慢，有待进一步选育提高。

(三)喜马拉雅兔

喜马拉雅兔为皮肉兼用品种，原产于喜马拉雅山地区，除我国饲养外，目前美国和俄罗斯等国均有饲养。

1. 外貌特征　喜马拉雅兔被毛白色，耳、鼻、四肢下部及尾部为纯黑色，俗称“八点黑”；毛长3.8厘米，被毛柔软，眼淡红色，体型紧凑，体质强壮，行动灵活；初生仔兔全身被毛白色，1月龄后耳、嘴、尾、四肢下部才长出黑色毛。

2. 生产性能　喜马拉雅兔耐粗饲，繁殖力强。成年公兔体重2.7～3.1千克。性成熟早，一般5～6月龄开始配种繁殖，年产5～6胎，每胎产仔7～8只，多的达到15～16只。仔兔的初生重50～60克，3月龄体重1.4～1.6千克。

3. 主要特点　喜马拉雅兔的适应性和抗病力都较强，特别耐寒、耐粗饲，遗传性能稳定。喜马拉雅兔含有著名的青紫蓝兔和加利福尼亚兔等兔的血缘，毛色艳丽美观。在国外，有将此兔培育为专供玩赏用的,体重仅 1.1～2 千克。

(四)塞北兔

塞北兔是由河北省张家口农业专科学校利用法系公羊兔与比利时兔为亲本杂交选育而成的大型肉用品种。

1. 外貌特征 塞北兔在北方养殖量大、范围广。塞北兔被毛颜色全身统一,分为刺鼠毛型的黄褐色,白化型的纯白色和少量的黄色。头部中等匀称。眼眶弓突出,眼大微向内陷,眼周围环毛为浅黑色。下颌骨宽大,嘴方正。耳宽大,一耳直立,一耳下垂,称斜耳,兼有直耳和垂耳型。有的兔群个体的鼻梁上有一山峰线。公兔颈部粗短,母兔颌下有肉髯。肩宽广,胸宽深,背、腰平直,后躯宽广、丰满,肌肉和结缔组织发育良好。

2. 繁殖性能 塞北兔的繁殖力强,仔兔 4～5 月龄性成熟,6～8 月龄开始配种繁殖,妊娠期 30 天左右,年产 5～6 窝,每窝平均产仔 7～8 只,泌乳力平均 1 829 克,母兔能利用 2～3 年,公兔可连用 3～4 年。

3. 生产性能 该品种体格大,生长快,在一般饲养管理条件下,初生重 60～70 克,断奶重 650～1 000 克,成年平均 5.5～6.5 千克(高者达 7～8 千克),月平均增重 0.75～1.2 千克,日增重 25～31.5 克,屠宰率 52%～54%,饲料报酬为 3.28∶1。

4. 主要特点 塞北兔适应性强,耐粗饲,能吃各种草料、农副产品,室内外均可饲养,性情温驯好管理。抗病力强,在同等饲养管理条件下,比其他品种发病率低,成活率高。缺点是毛色和体型尚欠一致,有待进一步提高。

(五)哈 白 兔

哈白兔由中国农业科学院哈尔滨兽医研究所利用比利时兔、德国花巨兔、日本大耳兔和当地白兔通过复杂杂交培育而成。

1. 外貌特征 哈白兔全身被毛纯白色,眼睛红色,肌肉发达,结构良好,体型大,头大小适中,眼大有神,两耳直立,被毛光亮,四肢健壮,身躯肌肉丰满。

2. 生产性能 成年公兔活重5.5～6千克,母兔6～6.5千克;仔兔初生个体重55克,42日龄平均体重1.1千克,50日龄断奶个体重1.25千克;在相同的饲养条件下各项生产性能指标均高于进口大型肉兔。早期生长发育快,90日龄达2.5千克,成年兔体重6～7千克;饲料报酬为3.5∶1;半净膛屠宰率为53%,全净膛为49%。

3. 主要特点 哈白兔遗传性能稳定,适应性强,耐粗饲,繁殖性能好,仔兔生长发育快,饲料报酬高,各项生化指标强于进口兔。在相同的饲养条件下各项生产性能指标均高于进口大型肉兔。早期生长发育快,90日龄达2.5千克,成年兔体重6～7千克;耐寒,耐粗饲,抗病力强,繁殖力高,胎产仔8～9只。缺点是耐热性稍差,偶尔出现长毛个体。

(六)安阳灰兔

安阳灰兔是我国河南省安阳地区畜牧局从林县、安阳、南乐等县群众长期饲养的以青紫蓝、大耳白兔为主要亲本杂交后代中的灰色兔群中选育出来的,1986年通过鉴定后,定名为安阳灰兔。

1. 外貌特征 安阳灰兔全身被毛青灰色,腹部颜色较淡，被毛密度适中，富有光泽。头大小适中，耳大，眼睛靛蓝色，部分母兔颈下有肉髯，背腰长，背线平直或略呈弧形，后躯发育良好，四肢强壮有力。

2. 生产性能 该品种性早熟，3月龄开始发情，容易配种，适配月龄为7个月，配种受胎率为85%，母兔乳头4～5对，繁殖力强，年产4～6窝，每窝平均产仔8只左右，最高达16只。据55窝统计，初生平均窝重485.7克，个体重58.2克，窝产仔8.4只，产仔成活8.1只，泌乳力1794.2克；该兔早期生长快，3月龄体重达2.5千克，全净膛屠宰率为51%。

3. 主要特点 安阳灰兔有耐粗饲、适应性和抗病力强等特点。

(七)黑优兔

黑优兔又称黑熊兔，是用俄罗斯银灰兔与青紫蓝兔杂交育成，经群众多年选育，体型、毛色比较趋向一致，是一皮肉兼用品种，在河北、山西、北京、河南、山东等省、直辖市饲养较多。目前，我国北方地区均有饲养。

1. 外貌特征 该兔的毛色为黑褐色，在阳光照耀下闪闪发亮，个别的毛梢略带黄尖。头大额宽、嘴圆，两耳宽厚、直立、稍倾向两侧，耳根粗，背腰长，四肢粗壮，后躯发育好。

2. 生产性能 具有生长发育快、早熟、耐粗饲、繁殖力强等特点，成年兔体重4.5～5.5千克。今后应进一步选育提高其产肉性能和品质。

(八)福建黄兔

福建黄兔是福建省地方优良肉兔品种。

1. 外貌特征 福建黄兔是一种小型肉用兔。被毛黄色、粗而短，耳小、直立，眼睛虹膜有红、黑、天蓝等色。全身结构紧凑，皮板厚实，头型清秀，四肢灵活，后躯高而钝圆。母兔乳头 4～5 对，以 4 对为多。

2. 生产性能 成年兔体重为 4 千克左右，沿海的体重大于山区。母兔一般 4 月龄发情，8 月龄开始配种，年产 5～6 胎，平均每胎产 8～10 只。福建黄兔体重为 1.5～2 千克时的全净膛屠宰率为 54%左右。

3. 主要特点 该兔遗传性能稳定，它具有耐粗饲、抗病力强、泌乳力高、肉质好等优点。

(九)中国大耳黄兔

中国大耳黄兔是由河北省科委与广宗县畜牧局共同选育而成，1993 年通过技术鉴定。专家们指出，这是近年来国内选育成功的一个中型肉用兔新品种。该兔是从比利时兔群中分化出来的黄色个体，经闭锁个体选育而成的。

1. 外貌特征 中国大耳黄兔分 A，B 两系：A 系被毛为橘黄色，双耳及臀部有黑色的毛尖。B 系的被毛为杏黄色。A，B 两系的共同特点是腹部均为乳白色，双耳大而直立，体躯长，胸围粗，后躯发达。

2. 生产性能 该兔耐粗饲，适应性广，遗传性能稳定。早期生长发育快，饲料报酬高，繁殖性能好，抗潮湿，有较强的抗疫病能力，屠宰率、净肉率高。成年兔体重 4～5 千克，胎均产仔 8.6 只，泌乳性能好，仔兔成活率高。

(十)莲山黑兔

莲山黑兔是山东省五莲县特种动物养殖研究所科技人员经过 5 年多的时间选育成的一个地方兔种，以当地名山——

五莲山而得名。

1. 外貌特征 该兔为黑毛、黑皮、黑爪、黑眼、黑耳、黑尾巴，浑身油黑发亮。体型中等，适应性强、耐粗饲，前期生长快，抗病力强，遗传性能稳定。含有一般肉兔没有而人体又不可缺少的元素——黑色素。该品种兔是肉兔品种家族的新成员，它的肌肉内无药物残留、无激素，是标准的绿色保健肉兔，经常食用可提高人体免疫力。

2. 生产性能 莲山黑兔母性强，屠宰率高，出肉率达65.5%；产仔率高，平均胎产8.5只；饲料转化率高，料重比2.7∶1；发病率低，对脚皮炎、球虫、兔瘟、腹泻、鼻炎及巴氏杆菌等病有较强的抵抗能力；前期生长快，出生50天体重可达1.5千克；其肉食品口感好、味道鲜。

（十一）豫丰黄兔

豫丰黄兔原产于河南省清丰县，由该县科委和河南省农业科学院等单位合作培育而成。

1. 外貌特征 豫丰黄兔全身被毛黄色、腹部白色，头小清秀呈椭圆形，耳大直立，眼大有神，后躯丰满，成年母兔颈下有明显肉髯，四肢强壮有力，后肢粗壮而灵活。

2. 生产性能 该品种属中型兔品种。成年兔体重5～6.5千克，前期生长速度快，饲料利用率高。豫丰黄兔日增重26克，2月龄体重2 048克，2月龄为增重高峰期，料肉比为2.15∶1。母性好，泌乳量大，产仔率高。5.5月龄体成熟，6月龄开始配种，母兔乳头平均5对，胎产仔12只、最多者达17只。产仔时，无须人特殊护理，年繁殖成活仔兔85只，断奶成活率平均95%。商品兔半净膛屠宰率54.94%，全净膛为51.28%。

3. 主要特点 该兔适应性好,抗病力强。既适应高标准的饲养,又能适应条件差的环境与低营养标准;既能适应南方热带,又能适应北方寒带饲养。抗病能力大大优于其他肉兔品种。

九、国外引入品种

(一)新西兰兔

新西兰兔原产于美国,是近代最著名的优良肉兔品种之一,世界各地均有饲养。

1. 外貌特征 新西兰兔有白色、黑色和红棕色 3 个变种。目前饲养量较多的是新西兰白兔,被毛纯白,眼呈粉红色,头宽圆而粗短,耳宽厚而直立,臀部丰满,腰肋部肌肉发达,四肢粗壮有力,具有肉用品种的典型特征。

2. 生产性能 新西兰兔体型中等,最大的特点是早期生长发育较快。在良好的饲养条件下,8 周龄体重可达 1.8 千克,10 周龄体重可达 2.3 千克。成年公兔体重 4～5 千克,母兔 4.5～5.5 千克。繁殖力强,平均每胎产仔 7～8 只。

3. 主要特点 新西兰兔的主要优点是产肉力高,肉质良好,适应性和抗病力较强。主要缺点是毛皮品质较差,利用价值低。但用新西兰白兔与中国白兔、日本大耳兔、加利福尼亚兔杂交,则能获得较好的杂种优势。

(二)加利福尼亚兔

加利福尼亚兔原产于美国加利福尼亚州,系由喜马拉雅兔、青紫蓝兔和新西兰白兔杂交育成,是现代著名皮肉兼用兔品种之一。我国引入多年,也是著名的肉用兔品种。

1. 外貌特征 加利福尼亚兔皮毛为白色,鼻端、两耳、尾及四肢下部为黑色，故称“八点黑”。幼兔色浅，随年龄增长而颜色加深；冬季色深，夏季色淡。耳小直立，颈粗短，肩、臀部发育良好，肌肉丰满，眼呈红色。

2. 生产性能 加利福尼亚兔体型中等，仔兔初生重 60～70 克，6 周龄体重达 1～1.2 千克，3 月龄体重可达 2.5 千克以上。成年体重：公兔 3.6～4.5 千克，母兔 3.9～4.8 千克。繁殖力强，平均每窝产仔 7～8 只。

3. 主要特点 主要优点是早熟易肥，肌肉丰满，肉质肥嫩，屠宰率高。母兔性情温驯，泌乳力高，是有名的“保姆兔”。主要缺点是生长速度略低于新西兰兔，断奶前后饲养管理条件要求较高。

（三）比利时兔

比利时兔原产于比利时，系由比利时贝韦伦野生穴兔改良而成的大型肉兔品种。

1. 外貌特征 比利时兔被毛呈黄褐色或栗壳色，毛尖略带黑色，腹部灰白，两眼周围有不规则的白圈，耳尖部有黑色光亮的毛边。眼睛为黑色，耳大而直立，稍倾向于两侧，面颊部突出，脑门宽圆，鼻骨隆起，类似马头，俗称“马兔”。

2. 生产性能 该兔体型较大，仔兔初生重 60～70 克，最大可达 100 克以上，6 周龄体重 1.2～1.3 千克，3 月龄体重可达 2.3～2.8 千克。成年体重：公兔 5.5～6 千克，母兔 6～6.5 千克（最高可达 7～9 千克）。繁殖力强，平均每胎产仔 7～8 只，最高可达 16 只。

3. 主要特点 该兔种的主要优点是生长发育快，适应性强，泌乳力高。比利时兔与中国白兔、日本大耳兔杂交，可获得理想的杂种优势。主要缺点是不适宜于笼养，饲料利用率较低，易患脚癣和脚皮炎等。

(四)公羊兔

公羊兔又名垂耳兔，是一个大型肉用品种。公羊兔因其两耳长宽而下垂，头型似公羊而得名。

1. 外貌特征 公羊兔被毛颜色以黄色者居多。头粗糙，眼小，颈短，背腰宽，臀圆，骨粗，体质疏松肥大。

2. 生产性能 该品种兔早期生长发育快，40 天断奶重可达 1.5 千克，成年体重 6～8 千克，最高者可达 9～10 千克。耐粗饲，抗病力强，易于饲养。性情温驯，不爱活动，因过于迟钝，故有人称其为"傻瓜兔"，其繁殖性能低，主要表现在受胎率低，哺育仔兔性能差，产仔少。

3. 主要特点 该品种兔与比利时兔杂交，效果较好，二者都属大型兔，被毛颜色比较一致，杂交一代生长发育快，抗病力强，经济效益高。

(五)德国齐卡兔

由德国 ZIKA 家兔育种中心和慕尼黑大学联合育成的、当前世界上著名的肉兔配套品系之一。我国在 1986 年由四川省畜牧兽医研究所首次引进、推广并试验研究。

1. 外貌特征 德国齐卡兔被毛白色、浓密，眼睛红色，两耳长大、直立，头粗壮，额宽，体躯长大、丰满，背腰平直。

2. 生产性能 德国齐卡兔成年平均体重 7 千克，母兔年产仔 3～4 胎，窝产仔数 6～10 只；仔兔初生体重平均达 70～80 克，35 天断奶体重达 1 千克以上，90 日龄重 2.7～3.4 千克，日增重 35～40 克。繁殖性能好，父母代母兔年产仔 50 只，窝产仔平均 8.2 只。抗病能力强，商品代仔兔断奶成活率及肥育期成活率均可达90%。

3. 主要特点 齐卡巨型白兔主要的优点是产肉性能好，屠宰率高达55%，净肉率达80%以上，生长速度较快，可在全国大部分地区饲养，适宜于规模兔场、专业户、农户饲养。

(六)布列塔尼亚兔

布列塔尼亚兔为艾哥肉兔配套系，在我国又称布列塔尼亚兔，是由法国艾哥(ELCO)公司培育的肉兔配套系。

祖代GP_{111}系公兔与GP_{121}系母兔杂交生产父母代公兔(P_{231})，GP_{172}系公兔与GP_{122}系母兔杂交生产父母代母兔(P_{292})，父母代公母兔交配得到商品代兔(PF_{320})。

1. 祖代GP_{111}系兔 毛色为白化型或有色，性成熟期26～28周龄，成年体重5.8千克以上，70日龄体重2.5～2.7千克，28～70日龄饲料报酬为2.8∶1。GP_{121}系兔毛色为白化型或有色，性成熟期121日龄，成年体重5千克以上，70日龄体重2.5～2.7千克，28～70日龄饲料报酬为3∶1，每个母兔笼位年生产断奶仔兔50只。

2. 祖代GP_{172}系兔 毛色为白化型，性成熟期22～24周龄，成年体重3.8～4.2千克，公兔性能力较强。GP_{122}系兔，性成熟期117日龄，成年体重4.2～4.4千克，每只母兔年生产父母代母兔25～30只。

3. 父母代公兔(P_{231}) 毛色为白色或有色，性成熟期26～28周龄，成年体重5.5千克以上，28～70日龄日增重42克，饲料报酬为2.8∶1。

4. 父母代母兔(P_{292}) 毛色白化型，性成熟期117日龄，成年体重4～4.2千克，胎产活仔9.3～9.5只。

5. 商品代兔(PF_{320}) 70日龄体重2.4～2.5千克，饲料

报酬 2.8～2.9∶1，屠宰率 59%，净肉率高达 85%以上。

该品种兔饲养中需要相对较好的饲料条件，饲喂全价颗粒料可使其生产性能得以充分发挥。相反，如果管理粗放，则不能达到理想的生产成绩。因此，该兔特别适宜规模养殖生产。

（七）丹麦白兔

丹麦白兔原产于丹麦，又称兰特力斯兔，是近代著名的中型皮肉兼用型兔。1973 年引入我国。

1. 外貌特征 丹麦白兔被毛纯白，柔软紧密；眼红色，头较大，耳较小、宽厚而直立，口鼻端钝圆，额宽而隆起，颈粗短，背腰宽平，臀部丰满，体型匀称，肌肉发达，四肢较细；母兔颌下有肉髯。

2. 生产性能 该兔体型中等，仔兔初生重 45～50 克，6 周龄体重达 1～1.2 千克，3 月龄体重 2～2.3 千克，成年母兔体重 4～4.5 千克，公兔 3.5～4.4 千克，繁殖力高，平均每胎产仔 7～8 只，最高达 14 只。

3. 主要特点 丹麦白兔的主要优点是毛皮优质，产肉性能好，耐粗饲，抗病力强，性情温驯，容易饲养。主要缺点是体型较其他品种偏小而体长稍短，四肢较细。

（八）德国花巨兔

德国花巨兔原产于德国，由比利时兔和佛兰德兔等品种杂交育成。是大型皮肉兼用品种，1976 年引入我国，在东北地区饲养较多。

1. 外貌特征 德国花巨兔鼻、嘴环、眼圈及耳朵为黑色，从颈至尾根沿背有黑色长条背线，体两侧有对称蝶状斑块，其余被毛为白色。体型高大，体躯较长、呈弓型。骨骼较粗重，腹部距地面较高。体质健壮，性情活泼，行动敏捷，善于跳跃。

2. 生产性能 该兔前期生长发育较快，初生重75克，40日龄断奶1.1～1.25千克，90日龄2.5～2.7千克，180日龄3.9千克，成年兔平均体重为5～6千克。适应性强，耐寒抗病，繁殖力较强，每胎平均产仔11～12只，最高可达19只。

3. 主要特点 该兔缺点是母性不强，泌乳力不好，毛色的遗传不稳定，繁殖中常出现灰色和黑色个体。此外，对饲养管理要求条件较高。

(九)青紫蓝兔

青紫蓝兔原产于法国，因毛色类似珍贵毛皮兽“青紫蓝绒鼠”而得名，是世界著名的皮肉兼用兔种。

1. 外貌特征 被毛整体为蓝灰色，耳尖及尾面为黑色，眼圈、尾底、腹下和后额三角区呈灰白色。单根纤维自基部至毛梢的颜色依次为深灰色、乳白色、珠灰色、雪白色和黑色，被毛中夹杂有全白或全黑的针毛。眼睛为茶褐色或蓝色。

2. 生产性能 青紫蓝兔现有3个类型。标准型：体型较小，成年母兔体重2.7～3.6千克，公兔2.5～3.4千克；美国型：体型中等，成年母兔体重4.5～5.4千克，公兔4.1～5千克；巨型兔：偏于肉用型，成年母兔体重5.9～7.3千克，公兔5.4～6.8千克。繁殖力较强，每胎产仔7～8只，仔兔初生重50～60克，3月龄体重达2～2.5千克。

3. 主要特点 该兔种的主要优点是毛皮品质较好，适应性较强，繁殖力较高，因而在我国分布很广，尤以标准型和美国型饲养量较大。主要缺点是生长速度较慢，因而以肉用为目的不如饲养其他肉用品种有利。

(十)日本大耳兔

日本大耳兔原产于日本,是由中国白兔与日本兔杂交育成的优良皮肉兼用型品种。

1. 外貌特征 日本大耳兔以耳大、血管清晰而著称,是比较理想的实验用兔。被毛紧密,毛色纯白,针毛含量较多;眼睛为红色;耳大直立,耳根细,耳端尖,形似柳叶状;母兔颌下有肉髯。

2. 生产性能 日本大耳兔可分为3个类型:大型兔体重5~6千克,中型兔3~4千克,小型兔2~2.5千克。我国饲养较多的为大型兔,仔兔初生重60克左右,3月龄体重2.2~2.5千克,年产5~7胎,每胎产仔8~10只,最高达17只。

3. 主要特点 该兔种的主要优点是早熟,生长快,耐粗饲;母性好,繁殖力强,常用作"保姆兔",肉质好,皮张品质优良。主要缺点是骨架较大,胴体不够丰满,屠宰率、净肉率较低。

(十一)弗朗德巨兔

弗朗德巨兔原产于比利时北部的弗郎德地区,是世界最早和著名的肉用兔品种,广泛分布于欧洲各国。

1. 外貌特征 弗朗德巨兔毛色有7个品系:钢灰色、黑色、黑灰色、淡黄色、蓝色、白色和淡褐色。美国以钢灰色较普遍,体型较欧洲其他品系略小。被毛浓密,质量好,富有光泽。头大,额高,两耳大而直立,眼睛稍突。有色兔眼睛和被毛颜色一致,如黑色兔眼睛亦为黑色,白色兔眼睛为红色。背腰扁平,臀部丰满,骨骼略粗,体型结构匀称。

2. 生产性能 弗朗德巨兔体格大,性成熟晚,繁殖力低。

成年母兔体重平均5.9千克，公兔5.4千克。体长平均95厘米，产肉力高，肉品质好。对我国塞北兔的育成有较大贡献，在东北、华北地区均有少量饲养。

(十二)法国伊普吕兔

法国伊普吕兔配套系由法国引进9大品系“伊普吕”祖代兔组成。该配套系是法国克里莫育种公司经历20年精心培育的国际上最优良的肉兔品种之一。在1997年的世界家兔育种会上，该兔种被评为“最佳优良品种”，随后该兔种在世界各地被广为推广。我国先后在1997年9月和1999年12月由法国引进伊普吕祖代兔种和父母代种兔养殖推广，获得成功。

1. 外貌特征 伊普吕兔形象典雅优美，成年体重平均可达6千克以上，高的可达9千克。在9个品系中，有的全身雪白，双目红光、炯炯有神，毛质轻柔光滑；有的口鼻、双目和尾端尚存“八点黑”特点，更显奇特俊美；有的全身乌黑，毛质轻柔光亮，矫健活泼。

2. 生产性能 该兔具有四大生理特性：繁殖力强，母性好，最多时年可产8.7窝。产活仔数9.2只/窝，成活率95%；生长速度快，11周龄体重3～3.1千克；抗病力强，适应性广，容易饲养；肉质鲜嫩，屠宰率高达57.5%～60%，出肉率可达75%。

第三章　肉兔繁殖标准化

一、生殖生理与标准化繁殖指标

（一）兔群公母比例

生产种兔的兔群公母比例为1∶5～6；生产商品肉兔的兔群公母比例为：自然交配1∶8～10，人工授精1∶50～100。

（二）性成熟与初配年龄

1. 性成熟　仔兔出生后，生长发育到一定年龄，公兔睾丸中能产生具有受精能力的精子，母兔卵巢中能产生成熟的卵子，并表现出发情和性行为，这个时期就称为性成熟期。兔的性成熟通常为：小型母兔是3～4月龄；中型兔为4～5月龄；大型兔为5～6月龄。而公兔的性成熟一般比母兔推迟1个月左右。

2. 初配年龄　肉兔性成熟时正处于生长发育时期，此时的体重只相当于成年体重的1/3～1/2。此时配种虽然可以受胎和产仔，但是不仅仔兔发育不好，还会影响母兔的自身发育、终生繁殖率及后代的质量。母兔的初配年龄：小型兔是4～5月龄，体重达到2.5～3千克；中型兔6～7月龄，体重达到3.5～4千克；大型兔7～8月龄，体重达到4千克以上。由于不同兔场的饲养水平不同，种兔的生长发育速度也不同，因此不能机械按照月龄确定初配时间，可以体重为标准，即达到成年体重的75%左右方能参加配种。

3. 利用年限 肉兔的繁殖潜力很大，但在实际生产中的利用期是有限的。一般情况下，种公兔的利用期是2～3年，特别优秀的个体达4年。母兔一般利用2～2.5年，有些个体可达3年以上。如果采用频密繁殖，母兔仅利用1年，超龄过度频密繁殖，配种受胎率低，其后代生活力差，死亡率高。由于肉兔的性成熟早，青年兔的繁殖力强，因此种兔的利用期限无需过长，一般控制在2.5年以内为宜。

（三）发情与发情表现

1. 发情 母兔性成熟后，卵巢中的卵泡发育迅速，由卵泡内膜产生的雌激素导致母兔出现周期性的性活动表现，称为发情。

2. 发情表现 母兔发情后，表现为活跃不安，爱跳动，食欲减退，用前脚爪乱刨地。笼养的母兔在饲槽、饮水盆边或其他用具上摩擦下颚，俗称“闹圈”。性欲强的母兔还主动向公兔调情爬跨。有的母兔还爬跨自己未断奶的仔兔或其他母兔。检查外生殖器官，可观察到生殖道黏膜呈现粉红色—大红色—紫红色的转变，并伴有肿胀和分泌物。

3. 发情持续期 母兔从开始发情至结束所持续的时间一般为3～4天，称为发情持续期。如果在发情持续期的合适阶段配种，就能获得较高的受胎率。

4. 排卵 母兔发情后，在公兔交配的刺激下，隔10～12小时卵子才能从卵泡中排出，这种现象叫刺激性排卵。如果发情后没有配种，则成熟的卵泡经10～16天后逐渐萎缩退化，并被周围组织所吸收。

5. 发情周期 母兔在上次发情结束后，间隔一段时间新的卵子又在卵巢内发育直到成熟，母兔再次表现出发情的现象，把两次发情间隔的时间称为母兔的发情周期，一般为8～15天。

(四)受　精

受精是精子和卵子相遇后进行的一系列复杂的细胞生理变化，直到融为新的个体——合子的全过程。受精变化过程包括：精子溶解卵子放射冠－穿过透明带—进入卵黄膜—配子配合—形成合子，至此受精即告结束。兔的受精过程约需12小时。

(五)妊娠与妊娠诊断

1. 妊娠　妊娠是指母兔从受精开始，经过胚胎－胎儿生长发育，到产出母体的生理变化过程。

母兔的妊娠期一般为30天(28～32天)，妊娠期的长短随兔品种、年龄、个体营养状况、胎儿数目及胎儿发育情况不同而有差异。如大型肉兔比中型肉兔多1天左右；母兔营养状况好的妊娠期短，反之则较长；胎儿数目少的比数目多的妊娠期长。例如，1窝产6～8只仔兔，妊娠期为30天；6只以下者妊娠期为31～32天；产仔数8只以上者妊娠期为28天。

母兔妊娠后，除出现生殖器官的变化外，全身的变化也比较明显。如母兔新陈代谢旺盛，食欲增加，消化能力提高，营养状况得到改善，毛色变得光亮，膘度增加，后期腹围增大，行动变得稳重、谨慎、活动减少。

2. 妊娠诊断

(1)复配检查法　在母兔配种后7天左右，将母兔送入公兔笼中复配，如母兔拒绝交配，表示可能已怀胎；相反，若接受交配，则可认为未孕。

(2)外部观察法　母兔妊娠后，食欲增强，采食量增加，10多天后，散养的母兔开始打洞，做产仔准备，腹部逐渐增大。

(3)称重检查法　母兔配种前先行称重，隔10天左右复称1次，如果体重比配种前明显增加，表明已经受胎；如果体重相差不大，则视为未孕。称重应在早晨喂食前空腹进行。

(4)摸胎检查法　在母兔配种后10天左右，用手触摸母兔腹部，判断是否受胎，称为摸胎检查法，在生产实际中多用此法诊断。具体做法为：将母兔捉放于桌面或平地，一只手抓住母兔的耳朵和颈皮，使兔头朝向摸胎者；另一只手拇指与其余四指呈"八"字形，掌心向上，伸向腹部，由前向后轻轻沿腹壁摸索。若感腹部松软如棉花状，则未受胎。若摸到有像花生米样大小的球形物滑来滑去，并有弹性感，则是胎儿(图4)。但要注意胚胎与粪球的区别，粪球质硬、无弹性、粗糙。摸胎检查法操作简便，准确性较高，但注意动作要轻，检查时不要将母兔提离地面悬空，更不要用手指去捏胎泡，以免

图4　兔的摸胎方法

造成流产。

(六)分娩与助产

1. 分娩预兆 胎儿发育成熟,由母体内排出体外的生理过程,称为分娩。母兔在分娩前的预兆表现较明显,多数母兔在临产前3~5天,乳房肿胀,并可挤出乳汁,膁部凹陷,尾根和坐骨间韧带松弛,外阴部肿胀充血,黏膜潮红湿润。食欲减退,甚至绝食。在临产前数小时,也有在产前1~2天开始衔草做窝,并将胸、腹部毛用嘴拉下来,衔入巢内铺好。

2. 分娩前准备 母兔分娩前3天,提前将消毒过的产箱放入母兔笼内。垫草要求柔软干燥,厚度6~8厘米、一般7厘米左右。同时,搞好笼底、饲槽的清洁。发现个别母兔产前在箱里排便,要及时更换垫草。曾患乳房炎的母兔,产前可用温开水热敷乳头,这对预防乳房炎有一定的效果,并有利于分泌乳汁,但一般正常的母兔可不进行。

3. 分娩过程 母兔多在凌晨5时至下午1时分娩,一般不需人工照料,产仔时多呈蹲坐姿势,拱背努责,四肢刨地,精神不安。第一只仔兔多为头部先出,其后的仔兔有的头先出,有的后肢先出。凡头部先出的分娩较快,后肢先出的较慢。分娩一般只需20~30分钟,少数需1小时以上。母兔一边产仔,一边咬断脐带,舐干仔兔身上的血液和黏液,吃掉胎衣。

4. 产后护理 分娩结束后,母兔失水较多,此时母兔若找不到饮水,往往会返回产仔箱吃掉仔兔。因此,应及时供给清洁的饮水,以防母兔食仔。另外,产仔室要保持安静,产仔结束后,饲养员要及时清除产箱内污毛、死胎,清点仔兔数目,称重计数,然后将仔兔用毛盖好(天热时不用盖毛)。有条件可将产仔箱放在能防鼠和保温的产仔室里,让母兔好好休息。

对母兔要喂适口性好的嫩草，可防止便秘。检查仔兔有无吃上乳汁，如因母兔乳头不够，可进行寄养或人工哺乳。

二、配种技术

肉兔标准化生产不宜采用自然交配，根据养殖规模和设备等条件，可选择采用人工授精或人工辅助配种。

（一）人工辅助配种

人工辅助配种就是将公母兔分群、分笼饲养，在母兔发情时，将母兔捉入公兔笼内配种。

1. 操作步骤　将经检查、适宜配种的母兔放入公兔笼内。公兔即爬跨母兔，若母兔正处发情盛期，则略逃几步，随即伏卧任公兔爬跨，并抬尾迎合公兔的交配。当公兔阴茎插入母兔阴道射精时，公兔后躯蜷缩，紧贴于母兔后躯上，并发出“咕咕”叫声，随即由母兔身上滑下，顿足，并无意再爬，表示交配完成。此时可把母兔捉出，将其臀部提高，在后躯部用手轻轻拍击，以防精液倒流。然后将母兔捉回原笼，做好配种记录工作。

如果母兔发情不接受交配，但又应该配种时，可以采取强制辅助配种：配种员用一手抓住母兔耳朵和颈皮固定，另一只手伸向母兔腹下，举起臀部，以食指和中指固定尾巴，露出阴门，让公兔爬跨交配；或者用一细绳拴住母兔尾巴，沿背颈线拉向头的前方，一手抓住细绳和兔的颈皮，另一只手从母兔腹下稍稍托起臀部固定，帮助迎合公兔交配。

2. 应注意的问题

①必须在公兔笼中配种，防止因改变环境而使公兔不适

应，精力分散，影响配种效果。

②凡是带病的（尤其是生殖器官疾病，皮肤病及其他传染病）、刚刚病愈的和注射疫（菌）苗的、经过长途运输的种兔不宜马上配种。

③配种场地应宽敞、卫生、安静、禁止围观和大声喧哗。

④如发现交配后母兔排尿，应予以补配。

⑤配种后，应及时做好记录，以便安排妊娠检查和其他工作。

（二）人工授精

兔的人工授精是指采用人工的方法获取公兔的精液，将精液经体外的品质检查、稀释后，再输入到母兔生殖道内，使其受精妊娠的方法。人工授精能充分利用优良种公兔，迅速推广良种，还可减少种公兔的饲养量，降低饲养成本、减少疾病传播，克服公母兔体型差异过大等某些繁殖障碍，便于集约化生产管理。

1. 采精前准备　兔假阴道由外壳、内胎、集精杯和活塞4部分组成。外壳为一中空管，用塑料管或橡胶管制成，长5～6厘米，内径3厘米左右；内胎以较薄的乳胶管为宜，生产中多以人用避孕套（截去盲端）代替；集精杯可用翻口玻璃小试管，也可用青霉素小瓶代替。假阴道在安装前后都要认真检查，有无破损。然后用70%酒精彻底消毒内胎，待酒精挥发后，再安装集精杯，最后用0.9%氯化钠溶液冲洗2～3次。安装好的假阴道，冲洗消毒之后，用小漏斗向假阴道外壳内灌入50℃～55℃的热水15～20毫升，然后测定假阴道内的温度。公兔适宜射精的温度为40℃～42℃。再用小玻璃棒涂擦少量消过毒的白凡士林油或液体石蜡作为润滑剂。最后从活塞充入气体，调节其压力，使假阴道内层靠拢成“Y”形（图 5)，即可用来采精。

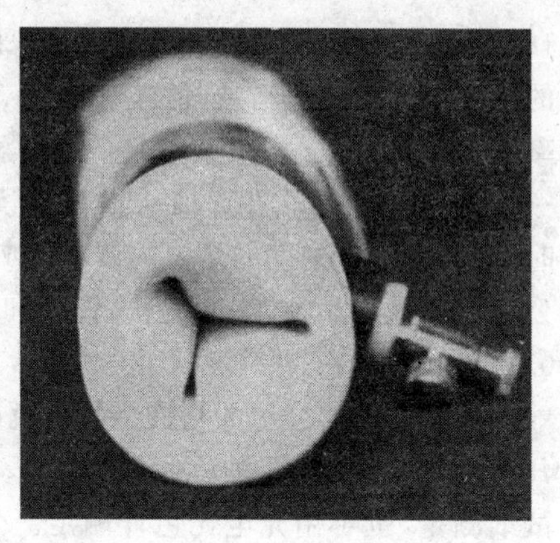
图 5　兔假阴道

2. 采精方法　公兔须经训练才能采精。训练的方法是首先选择体质健壮、性欲旺盛的公兔，实行公母兔隔离饲养；经常接近公兔，训练公兔的胆量，使其不至于惧怕人而跑掉；定期让公兔与母兔接触，但不准交配，以便提高公兔的性活动功能。这样经数日之后，将发情母兔放入公兔笼中，用右手固定母兔的头部，左手握假阴道置于母兔两后肢之间。当公兔爬跨母兔交配之际，把握假阴道的左手，使母兔后躯举起，待公兔阴茎挺出后，再根据阴茎挺出的方向调整假阴道口的位置。当公兔阴茎一旦插入温度、压力适宜而且润滑的假阴道口时，公兔前后抽动数秒钟，即向前一挺，后脚蜷缩，向左侧倒去，并伴随“咕咕”的一声尖叫，这就是射精的表现。

训练公兔用假阴道法进行采精，一般性欲较强的公兔，经过几次训练之后，便可顺利采取精液。或者用兔皮做一假台兔，甚至操作者戴一兔皮手套，握住假阴道，均可顺利达到采精的目的。特别是经用假阴道采精训练成习惯的公兔，看到采精人员穿好工作服，准备采精时，即主动跟随前后不离，等待采精。

3. 精液品质检查　进行兔的精液品质检查时，应在

18℃～25℃的室温环境中为宜，并在采精后立即进行。检查的主要内容包括射精量、色泽、pH 值、精子活力、密度和畸形率。

公兔的射精量可直接从集精杯读取。集精杯上无刻度时，可倒入带有刻度的量筒内读取；或用吸管量取更为准确。公兔射精量与品种、体型、饲养管理和采精技术有关，一般为0.5～1.5 毫升。

正常的成年公兔的精液呈乳白色或灰白色，浑浊不透明。凡有红色、黄色等颜色为不正常颜色。精液的 pH 值可用 pH 试纸测定，也可用光电比色计测定。公兔正常的精液 pH 值一般为 6.8～7.3。如果 pH 值偏高，可能是公兔的生殖器官有疾病，不能用于输精。pH 值偏高的精液，精子代谢和呼吸增强，耗能增多，不易保存并影响受精能力。

精子的活力，就是前进运动的精子数占总精子数的比率。它是影响母兔受胎及产仔多少、评定公兔种用价值的重要指标，公兔精子活力强，则母兔受胎率高，胎产仔数也多。

检查时，用消过毒的玻璃棒取一滴精液置于干燥、清洁载玻片上，加上盖玻片放在 100～400 倍显微镜下观察，采用“十级制”计分法。100％精子呈前进运动的活力为 1，90％精子呈前进运动的活力为 0.9，80％的为 0.8，以此类推，全部精子无呈前进运动的活力为 0。

精子的活力受温度的影响很大。温度过高时，精子活动加强，养分消耗快，死亡也快；温度过低时，精子活动缓慢，活力表现不充分，甚至发生冷休克，使评定结果不准确。因此，检查精子活力时，应把显微镜置于局部温度为 37℃～40℃的恒温台或者保温箱内。

公兔的鲜精活力通常为 0.7～0.8。为了保证其较高的受胎率，用以输精的常温精液的精子活力应在 0.6 以上，冷冻精液解冻后精子活力在 0.3 以上。

精子密度是指每毫升精液中所含精子的数量。测定精子密度的方法有估测法、计数法、光电比色法等。

采用估测法测定精子密度，依据精子间隙大小评定。凡视野下所观察精子之间无间隙，其密度定为“密”；视野下所观察精子之间能容纳 1～2 个精子，其密度为“中”；视野下精子之间的间隙能容纳 2 个以上精子，密度为“稀”。用于输精的精子密度必须在“中”级以上。计数法是借助血细胞计数板精确算出单位体积精液中的精子数量。此外，也可利用精子的透光性（浑浊度）测定精子密度。精子越多，精液越浓，透光性越低。这也是较可靠的测定法。其中比较准确的一种方法是利用光电比色计。

精子畸形率是指畸形精子占总精子数的百分比。畸形精子主要有双头、双尾、大头、小尾、无头、无尾、尾部卷曲等。其检测方法为：做一精液抹片，自然干燥后，用红（蓝）墨水或 0.5%龙胆紫酒精溶液，或 5%伊红水溶液染色 3～5 分钟，再用清水轻轻冲洗并晾干，置于 400～600 倍显微镜下，随机数出不同视野 500 个精子中畸形精子数。正常精液中畸形精子数应低于 20%。

4. 采精频率 尽管公兔睾丸产生精子的能力很强，但也不能频繁采精，1 日之内，1～2 次为宜，连续 5～6 天之后，最好休息 1～2 天，以便保持公兔的性欲和优良的精液品质。

5. 精液稀释 常用的兔精液稀释液有：生理盐水稀释液：每 100 毫升生理盐水加入青霉素、链霉素各 10 万单位；牛奶稀释液：将 10%的奶粉液在水浴锅中加热至 95℃或沸腾，保持 15～20 分钟，冷却至室温后用 4～5 层纱布过滤，每

100 毫升加入青霉素、链霉素各 10 万单位；葡萄糖稀释液：取精制无水葡萄糖 7 克，加蒸馏水 100 毫升，在水浴锅中加热煮沸 15～20 分钟，冷却至室温后，每 100 毫升生理盐水加入青霉素、链霉素各 10 万单位。稀释精液时，应将精液与稀释液置于同一温度(30℃左右)下，精子活力在 0.6 以上、密度中等的精液与稀释液的比例以 1∶4～5(V/V)为宜。兔精液适宜的液态保存温度为 0℃～10℃，时间为 2 天内使用。要求保存环境不得有有害气体，避免让阳光和紫外线等直射精液。精液稀释后应逐步降低温度。

6. 输精措施

(1)排卵处理　母兔的排卵是交配或性刺激以后约 10 小时开始的，因此在给母兔进行输精之前，应先做刺激排卵处理，才能达到受精怀胎的目的。最理想的办法是刺激排卵法，就是用结扎输精管的公兔或失去受精能力的公兔与母兔交配。

(2)输精方法　输精用具可借用羊的输精器或用 1 毫升容量的小吸管安上一个胶乳头使用。输精的方法有两种：一种是操作者左手握紧兔耳及背皮，将兔腹部向上，臀部放在桌上，右手持准备好的输精器，弯头向背部方向轻轻插入阴道 6～7 厘米深处，慢慢将精液注入，然后再以右手轻轻捏其阴部，增加母兔快感，从而加速阴道及子宫的收缩，这样可以避免精液逆流。另一种方法是将母兔由助手保定，操作者左手提起兔尾，右手将输精器弯头向背部方向插入阴道，然后将精液注入阴道深部。

(3)注意事项

①要严格消毒、无菌操作　输精器在吸取精液之前，先用 35℃～38℃的稀释液或冲洗液冲洗 2～3 次，然后再吸入定量

的精液为母兔输精。在给第一只母兔输精后，插入阴道部分的输精管，应用消毒纱布或脱脂棉花擦净污物，再用70%酒精棉球消毒，最后再用浸湿冲洗液的纱布或脱脂棉花擦拭，方可再吸精液。母兔的外阴部，在输精前，亦要用1%氯化钠溶液浸湿的纱布或棉花擦拭干净。

②输精部位要准确　在给母兔输精时，不论采取何种输精方式，均须将输精器前端沿阴道壁的背侧面插入6～7厘米深处，越过尿道口时，再将精液注入在子宫颈口附近，使其自行流入子宫颈口中。

③器械要清洗　凡采精、输精及有关器皿，用后要立即冲洗干净，并分别置于通风、干燥处，或放于干燥箱中备用。

三、提高繁殖力的技术措施

（一）影响肉兔繁殖力的主要因素

1. 环境因素　一切作用于肉兔机体的外界因素，统称为环境因素，如温度、湿度、气流、太阳辐射、噪声、有害气体、致病微生物等。环境温度对肉兔的繁殖性能有较为明显的影响。超过30℃，即引起肉兔食欲下降、性欲减低。如果持续高温，可使公兔睾丸产生精子减少，甚至不产生精子。高温可影响公兔性欲，高温过后能很快恢复，但精液品质的恢复则需要2个月左右的时间。因为精子的产生到精子的成熟排出需要1个半月时间。低温寒冷对肉兔繁殖也有一定影响。由于肉兔要增加自身产热御寒，消耗较多的营养，低于5℃就会使肉兔性欲减退，影响繁殖。致病微生物往往伴随着温度和湿度对肉兔的繁殖产生影响。因为家兔喜干厌湿、喜净厌污，潮湿污秽的环境，往往导致病原微生物的孳生，引起肠道病、球虫病、疥癣病的发生，影响兔健康，从而影响兔的繁殖。强烈的噪声、突然的声响能引起母兔死胎或流产，甚至由于惊吓使母兔吞食、咬死仔兔或造成不孕。冬季贼风的袭击易使肉兔感冒和肺炎，夏天太阳辐射易使兔中暑，这些都是影响兔繁殖的不良因素。

2. 营养因素 高营养水平往往引起母兔过肥，过肥的母兔卵巢结缔组织沉积了大量脂肪，影响卵细胞的发育，排卵率降低，造成不孕。营养水平过低或营养不全面，对兔的繁殖力也有影响。因为兔的繁殖性能很大程度上受脑垂体功能的影响，营养不全面直接影响公兔精液品质和母兔脑垂体的功能，分泌激素能力减弱，使卵细胞不能正常发育，造成母兔长期空怀不孕。

3. 生理缺陷 如母兔产后子宫内留有死胎及阴道狭窄，公兔的隐睾和单睾等。因为隐睾或单睾不能使公兔产生精子，或者产生精子的能力较差，配种不能使母兔受胎或受胎率不高。患有子宫炎、子宫瘤、有死胎、阴道狭窄都是影响母兔繁殖的因素。

4. 母兔使用不当 母兔长期空怀或初配年龄过迟，往往产生卵巢功能减退，妊娠困难。公兔休闲期可能出现短暂的不育现象。公兔长期不配种或过夏后的公母兔，都是影响繁殖的因素。

5. 种兔年龄老化 实践证明，种兔的年龄明显地影响其繁殖性能。1～2 岁的公母兔随着年龄的增长，繁殖性能提高；2 岁以后，繁殖性能逐渐下降；3 年后一般失去繁殖能力，不宜再做种用。

(二)提高肉兔繁殖力的措施

1. 注意选种和合理配种 严格按选种要求选择符合种用的公母兔,要防止近交。在配种时要注意公兔的配种强度,合理安排公兔的配种次数。

2. 加强配种公母兔的营养 从配种前2周起到整个配种期,公母兔都应加强营养,尤其是蛋白质和维生素的供给要充足。

3. 适时配种 包括安排适时配种季节和配种时间。虽然兔可以四季繁殖产仔,但盛夏气候炎热,多有“夏季不孕”现象发生,即公兔性欲降低,精液品质下降,母兔多数不愿接受交配,即使配上,会出现产弱仔兔、死胎也较多。繁殖一般不宜在盛夏季,春、秋两季是繁殖的最佳季节,冬季仍可取得较好的效果,但须注意防寒保温。适时配种,除安排好季节外,母兔发情期内还要选择最佳配种时期,即发情中期,阴部大红或者含水量多、特别湿润时配种。

4. 人工催情 在实际生产中遇到有些母兔长期不发情,拒绝交配而影响繁殖,除加强饲养管理外,还可采用激素、性诱导等人工催情方法。激素催情可用雌二醇、孕马血清促性腺激素等催情,促排卵素3号对促使母兔发情、排卵也有较好效果。性诱导催情对长期不发情或拒绝配种的母兔,可采用关养或将母兔放入公兔笼内,让其追、爬跨后捉回母兔,经2～3次后就能诱发母兔分泌性激素,促使其发情、排卵。

5. 重复配种和双重配种 重复配种是指第一次配种后,再用同一只公兔重配。重复配种可增加受精机会,提高受胎率和防止假孕,尤其是长时间未配过种的公兔,必须实行重复配种。这类公兔第一次射出的精液中死精子较多。双重配种是指第一次配种后再用另一只公兔交配。双重配种只适宜于商品兔生产，不宜用于种兔生产，以防弄混血缘。双重配种可避免因公兔原因而引起的不孕，可明显提高受胎率和产仔数。在实施中须注意，要等第一只公兔气味消失后再与另一只公兔交配。否则，因母兔身上有其他公兔的气味而可能引起斗殴，不但不能顺利配种，还可能咬伤母兔。

配种后及时检胎，减少空怀。

6. 正确采取频密繁殖法 频密繁殖又称"配血窝"或"血配"，即母兔在产仔当天或第二天就配种，泌乳与妊娠同时进行。采用此法，繁殖速度快，但由于哺乳和妊娠同时进行，易损坏母兔体况，种兔利用年限缩短，自然淘汰率高，需要良好的饲养管理和营养水平。因此，采用频密繁殖生产商品兔，一定要用优质的饲料满足母兔和仔兔的营养需要，加强饲养管理，对母兔定期称重，一旦发现体重明显减轻时，就停止血配。在生产中，应根据母兔体况、饲养条件，将频密繁殖、半频密繁殖（产后 7～14 天配种）和延期繁殖（断奶后再配种）三种方法交替采用。

5. 防止流产 为妊娠母兔创造良好的环境，保持适当的光照强度和光照时间，妊娠期间不喂霉烂变质、冰冻和施过农药的饲料，防止惊扰，不让母兔受到惊吓，以免引起流产。

第四章 肉兔饲养标准化

饲养标准化是根据肉兔的营养需要和饲养标准，科学合理地选用饲料、配制饲(日)粮和确定饲喂量，以达到既能充分发挥肉兔的生产性能，又可经济有效地利用饲料的目的。

一、消化生理

(一)口腔的特殊构成

肉兔兔唇中央纵裂，呈三瓣嘴，俗称豁唇。门齿外露，便于采食地面上的植物和啃咬树枝、树叶；没有犬齿；臼齿极发达，齿面较宽，并且有横嵴，适于研磨植物性饲料。

(二)发达的肠胃构造

肉兔是单胃草食家畜，胃的容积较大，肠道比较长，盲肠极其发达，容积较大，约占整个消化道总容积的42%。其内有大量的微生物和原虫，具有反刍动物瘤胃的作用，使肉兔能消化大量的粗饲料。

(三)特异的淋巴组织

肉兔小肠黏膜里含有丰富的淋巴组织，它们具有防护、消化吸收终端产物的作用。

二、营养需要

肉兔的营养需要是制定肉兔饲养标准、合理配合饲(日)粮的重要依据。肉兔在维持生命和生产过程中所需要的营养成分主要有：能量、蛋白质、脂肪、矿物质、维生素、粗纤维、水分和碳水化合物。

(一)能　量

肉兔的一切生命活动都需要能量。肉兔所采食饲料中的三大营养物质(蛋白质、碳水化合物和脂肪)是其能量的重要来源。其中,碳水化合物在植物性饲料中占70%左右,是肉兔能量的主要来源。肉兔对大麦、小麦、燕麦、玉米等谷物饲料中的碳水化合物具有较高的消化率；肉兔对豆科饲料中的粗脂肪,消化率可达83.6%～90.7%。

(二)蛋 白 质

蛋白质是一切生命活动的基础,是构成肉兔机体的主要成分,是体组织再生、修复的必需物质,是兔产品的重要原料。

蛋白质的主要来源是日粮中的动物性蛋白质饲料和植物性蛋白质饲料等。动物性蛋白质饲料中粗蛋白质含量高达50%～80%,必需氨基酸含量全面、比例适当、品质较好；植物性蛋白质饲料中粗蛋白质含量为25%～45%,所含必需氨基酸不全、数量较少、且品质较差。

(三)脂　肪

脂肪是提供能量和沉积体脂的营养物质之一,是肉兔生产和修复组织不可缺少的物质，在神经、肌肉、骨骼、血液中均含有脂肪。

肉兔日粮中适宜的脂肪含量为2%～5%。这有助于提高饲料的适口性，减少粉尘，并在制作颗粒饲料中起润滑作用。肉兔常用饲料中，脂肪含量较高的主要有植物油脂、豆饼、豆粕等，多汁饲料中的脂肪含量均在1%以下。另外，肉兔能较好地利用植物性脂肪，消化率为83.3%～90.7%，而对动物性脂肪利用较差，如肉兔日粮中加入5%以上的牛油，不仅使增重减少，而且导致肉兔精神不振，屠体脂肪含量增加和蛋白质含量减少。

(四)矿物质

矿物质是兔体组织和细胞的重要成分，对调节机体内的酸碱平衡和维持正常的渗透压起重要作用，是肉兔正常生命活动所必需的营养物质。

生长肉兔日粮中各种元素的需要量：钙为0.34%，磷为0.22%，钠为0.2%，氯为0.3%，钾为0.6%，镁为0.3%，硫为0.04%。据测定，肉兔的常用饲料中富含钾、镁、硫、铁、铜、锌、钴等各种矿物质元素，一般情况下不会发生缺乏症。

(五)维生素

维生素是一类低分子有机化合物，在肉兔体内含量甚微。主要参与酶分子构成，发挥生物学活性物质作用，是维持肉兔健康、生长和繁殖所必需的重要物质之一。

在酵母、谷类、麦麸、青绿多汁饲料及优质干草中含有丰富的维生素。在配种前的母兔和断奶后的幼兔日粮中适量添加多维素(维生素A，维生素D，维生素E，维生素K)，可明显提高母兔的受胎率、产仔数和幼兔的成活率及生长速度。

(六)粗 纤 维

粗纤维是植物性饲料中难消化的物质，它包括纤维素、半纤维素和木质素，是植物细胞壁的主要成分。它在维持肉兔正常消化功能、刺激加快消化道蠕动、利于消化液浸润食团、保持食糜正常稠度、形成硬粪及消化运转过程中起着重要的作用。

不同生理阶段的肉兔对粗纤维的利用率也不同，幼兔粗纤维水平可低些，以 10%～12% 为宜；成年肉兔以14%～16%为宜；6～12 周龄的生长肉兔饲喂含粗纤维8%～9%的日粮，可获得最佳生产性能。

(七)水

水是肉兔的重要组成成分之一，占体重的 70%左右。饮水是肉兔体内水的主要来源。当肉兔体内损失 5%的水，就会出现严重的干渴现象，没有食欲，消化作用减缓，易于发病。当损失 10%的水时，就会引起严重的代谢紊乱，生理过程遭到破坏。当损失 20%的水时，即可引起死亡。

(八)肉兔的营养需要量

肉兔生长发育各阶段和肉种兔各生理阶段的营养需要量见表 10。

表 10 肉兔营养需要量

营养指标	生长兔		生长育肥兔	妊娠兔	哺乳兔
	3～12 周龄	12 周龄后			
消化能(兆焦)	12.12	10.45～11.29	12.12	10.45	10.87～11.29
粗蛋白质(%)	18	16	16～18	15	18
粗纤维(%)	8～10	10～14	8～10	10～14	10～12
粗脂肪(%)	2～3	2～3	3～5	2～3	2～3
钙(%)	0.9～1.1	0.5～0.7	1	0.5～0.7	0.8～1.1
磷(%)	0.5～0.7	0.3～0.5	0.5	0.3～0.5	0.5～0.8
赖氨酸(%)	0.9～1.0	0.7～0.9	1.0	0.7～0.9	0.8～1.0
胱氨酸＋蛋氨酸(%)	0.7	0.6～0.7	0.4～0.6	0.6～0.7	0.6～0.7
精氨酸(%)	0.8～0.9	0.6～0.8	0.6	0.6～0.8	0.6～0.8
食盐(%)	0.5	0.5	0.5	0.5	0.5～0.7
铜(毫克)	15	15	20	10	10
铁(毫克)	100	50	100	50	100
锰(毫克)	15	10	15	10	10
锌(毫克)	70	40	40	40	40
镁(毫克)	300～400	300～400	300～400	300～400	300～400
碘(毫克)	0.2	0.2	0.2	0.2	0.2
维生素 A(千单位)	6～10	6～10	8	6～10	8～10
维生素 D(千单位)	1	1	1	1	1

三、常用饲料

饲料的种类很多，但任何一种饲料都存在营养上的特殊性和局限性，要饲养好肉兔必须进行多种饲料的科学标准化搭配。饲料原料要求感官指标具有该品种应有的色、嗅、味和形态特征，无发霉、变质、结块及异味、异臭；青绿饲料、干粗饲料不应发霉、结块、结冰、变质；鲜喂的青绿饲料应晾干，表面无水分；有毒有害物质及微生物允许量应符合《GB 13078 饲料卫生标准》(表11)的规定；肉兔饲料中禁用各种抗生素滤渣。

为了合理利用各种饲料，首先要了解饲料的科学分类，熟悉各类饲料的营养价值和利用特性。肉兔的饲料可分为：青绿饲料、干粗饲料、能量饲料、蛋白质饲料、矿物质饲料和饲料添加剂六大类。

表11 肉兔饲料安全卫生指标限量

序号	安全卫生指标项目	原料名称	指标限量	备 注
1	砷(以总砷计)的允许量(毫克/千克)	磷酸盐	≤20.0	
		沸石粉、膨润土、麦饭石、氧化锌	≤10.0	
		硫酸铜、硫酸锰、硫酸锌、碘化钾、碘酸钙、氯化钴	≤5.0	
		硫酸亚铁、硫酸镁、石粉	≤2.0	
2	铅(以Pb计)的允许量(毫克/千克)	磷酸盐	≤30	
		石 粉	≤10	
3	氟(以F计)的允许量(毫克/千克)	石 粉	≤2000	
		磷酸盐	≤1800	
4	汞(以Hg计)的允许量(毫克/千克)	石 粉	≤0.1	
5	镉(以Cd计)的允许量(毫克/千克)	米 糠	≤1.0	
		石 粉	≤0.75	
6	氰化物(以HCN计)的允许量(毫克/千克)	胡麻饼粕	≤350	
		木薯干	≤100	

续表 11

序号	安全卫生指标项目	原料名称	指标限量	备　注
7	游离棉酚的允许量（毫克/千克）	棉籽饼粕	≤1200	
8	异硫氰酸酯（以丙烯基异硫氰酸酯计）的允许量（毫克/千克）	菜籽饼粕	≤4000	
9	六六六的允许量（毫克/千克）	米糠、小麦麸、大豆饼粕	≤0.05	
10	滴滴涕的允许量（毫克/千克）	米糠、小麦麸、大豆饼粕	≤0.02	
11	沙门氏菌	饲　料	不得检出	
12	霉菌的允许量（霉菌总数/千克）	玉　米	＜40	限量饲用：40～100 禁用：＞100
		小麦麸、米糠	＜40	限量饲用：40～80 禁用＞80
		豆饼粕、棉籽饼粕、菜籽饼粕	＜50	限量饲用：50～100 禁用：＞100
13	黄曲霉毒素 B_1 的允许量（微克/千克）	玉米、花生饼粕、棉籽饼粕、菜籽饼粕	≤50	
		豆　粕	≤30	

注：所列允许量均为以干物质含量为 88%的饲料为基础计算

摘自 GB 13078－2001《饲料卫生标准》

(一)青绿饲料

青绿饲料是指天然水分含量高于 60%,富含叶绿素,粗蛋白质含量丰富且生物学价值高,含碳水化合物和各种维生素、矿物质的植物性饲料。主要包括各种新鲜野草、野菜、天然牧草、栽培牧草、青饲作物、菜叶、水生饲料、幼嫩树叶、非淀粉质的块根、块茎、瓜果类等。青绿饲料来源广泛,种类多,易采集,易消化吸收,适口性好,成本低,营养全面,体积大,是肉兔的主要饲料来源。

常见青绿饲料分为栽培牧草、青饲作物(常用的有玉米、高粱、大麦、燕麦、大豆等)、叶菜类饲料、根茎瓜果类饲料、树叶类饲料和水生饲料。常见栽培青绿饲料如下。

1. 紫花苜蓿 紫花苜蓿为多年生豆科牧草。广泛分布于西北、华北、东北地区,江淮一带也有种植。鲜草产量一般为 15～60 吨/公顷,水肥条件好时可达 75 吨/公顷以上。通常 4～5 千克晒制 1 千克干草。苜蓿草粉含粗蛋白质 19.1%,粗脂肪 2.3%,钙 1.4%,磷 0.51%,营养丰富。幼嫩苜蓿是肉兔良好的蛋白质和维生素补充饲料。苜蓿干草粉可用以配制肉兔的颗粒饲料,添加量以日粮的 30%左右最佳。

2. 黑麦草 黑麦草为禾本科牧草。有三种:一种是多年生黑麦草,在长江流域以南的中高山区及云贵高原有大面积栽培,鲜草产量为 45～60 吨/公顷;一种是多花黑麦草,在长江流域及其以南地区种植比较普遍,鲜草产量为 60～75 吨/公顷;另一种是上两种黑麦草的杂交种,称为杂交黑麦草,我国已经引种栽培,鲜草产量为 60～75 吨/公顷。这三种黑麦草营养丰富,适口性好,茎叶干物质中含粗蛋白质 17%,粗脂肪 3.2%,肉兔非常喜食。

3. 甘薯 甘薯为根茎类饲料，是我国广泛栽培的食用作物，也是主要的饲料作物。块根及茎蔓都是优良饲料，适口性很好，其中，块根中含大量淀粉，茎蔓中含丰富的蛋白质和碳水化合物，是肉兔爱吃的优质饲料，具有很高的饲用价值。

（二）干粗饲料

干粗饲料是指天然水分含量在45％以下，干物质中粗纤维含量在18％以上的一类饲料，包括农作物的秸秆和荚壳、各种干草、干树叶及其他农副产品，是肉兔越冬的主要饲料。

1. 青干草类 青干草类是指青草或栽培青饲料在未结实以前刈割下来经日晒或人工干燥除去大量水分而制成的干饲草，包括禾本科、豆科和其他科青干草。其营养价值受植物种类组成、刈割期和调制方法的影响。豆科干草和豆科－禾本科干草是最有营养价值的饲料。豆科干草中粗蛋白质含量超过糠麸类饲料，达15％～20％，且蛋白质品质较完善，富含钙、磷。在配合饲料中，干草粉通常占20％～30％。为满足肉兔营养，禾本科干草应与豆科干草等配合饲喂，以达到日粮营养全面和平衡。

2. 秸秆类 秸秆类是指农作物籽实收获后剩余下的茎秆和残存的叶片，包括玉米秸、花生藤、甘薯藤、麦秸、稻草、谷草和豆秸等，其中以豌豆秸和燕麦秸饲喂效果最好。这类饲料粗纤维含量较高、可达30％～45％，其中木质素比例大、一般为6.5％～12％，有效价值低；蛋白质含量低且品质和适口性都差，消化率低。但其来源广，数量大，价格低，所以是肉兔配合饲料中不可缺少的原料之一。

3. 荚壳类 荚壳类是农作物籽实脱壳后的副产品，包括谷壳、稻壳、高粱壳、花生壳、豆荚等。除了稻壳和花生壳外，荚壳的营养成分高于秸秆。豆荚的营养价值比其他荚壳高，尤其是粗蛋白质含量高。禾谷类荚壳中，谷壳含蛋白质和无氮浸出物较多，粗纤维较低，营养价值仅次于豆荚。但饲喂时最好经粉碎后与其他精料混合制成颗粒料饲喂。

(三)能量饲料

能量饲料是指饲料干物质中粗纤维含量低于18%，粗蛋白质含量小于20%，消化能含量在10.5兆焦/千克以上的一类饲料，包括谷实类、糠麸类等。这类饲料的基本特点是无氮浸出物含量丰富，可以被肉兔利用的能值高。含粗脂肪7.5%左右，且主要为不饱和脂肪酸。含钙不足，一般低于0.1%。磷较多、可达0.3%～0.45%，但多为植酸盐，不易被消化吸收。另外，缺乏胡萝卜素，但B族维生素比较丰富。这类饲料适口性好，消化率高，在肉兔饲养中占有极其重要的地位。

1. 谷实类饲料 常用的谷实类饲料有燕麦、大麦、小麦、玉米、高粱、稻谷等。这类饲料粗蛋白质含量较低，为9%～13%。蛋白质中赖氨酸缺乏，蛋氨酸也不丰富，因而生物学价值低。粗纤维含量2%～3%，粗灰分1.5%～4%，磷、钾较多，钙少，钙、磷不成比例。在日粮中的比例一般为15%～30%，不宜过高，以免诱发消化道疾病。

(1)玉米 玉米是能量饲料中用量最多的一种饲料。能量高，适口性好，饲用价值高，在我国被称为饲料之王。其主要特点是能量高，粗纤维少，适口性好，不饱和脂肪酸含量较高，但必需氨基酸不足(缺少赖氨酸、蛋氨酸和色氨酸)，且在粉碎状态下贮存容易酸败变质。故应保持干燥，以贮存原粮为好，用时粉碎。

从营养指标看，每千克玉米含消化能16.05兆焦，粗蛋白质8.9%，粗脂肪4.4%，粗纤维1.3%，钙0.13%，磷0.39%。在肉兔日粮中，玉米的用量为20%～40%。

(2)高粱　去壳的高粱，其营养成分与玉米相似，以含淀粉为主，粗纤维少，可消化养分高。其粗蛋白质含量略高于玉米，一般为9%～11%。但缺乏赖氨酸和色氨酸，品质较差。含钙少，含磷多。胡萝卜素和维生素D含量少，B族维生素的含量与玉米相同，烟酸含量多。由于高粱中含有单宁，且高粱的颜色越深含单宁越多，而使其适口性降低。所以，饲喂时应限量，以占日粮的5%～15%为宜，喂量过大易引起兔子便秘。在配合饲料中深色高粱添加量不超过10%，浅色高粱不超过20%，若能除去或降低单宁可与玉米同量使用。

(3)大麦　大麦不仅是一种重要的能量饲料，而且是很好的维生素补充料。大麦生长期短，分蘖力强，适应性广，再生力强，可刈割青饲。大麦所含蛋白质的营养价值比玉米稍高，氨基酸组成与玉米相似。粗纤维含量为6.9%，无氮浸出物、脂肪含量比玉米少，故它的消化能含量较玉米低。钙和磷的含量比玉米稍多。含B族维生素丰富，适口性好，价格便宜，是饲喂肉兔的良好能量饲料。

从营养指标看，每千克大麦含消化能14.04兆焦，粗蛋白质10.2%，粗脂肪2.1%，粗纤维4%，钙0.1%，磷0.46%。喂量一般可占日粮的15%～30%。

(4)稻谷　稻谷是南方养兔的重要能量饲料之一。未脱壳的稻谷含粗纤维高，消化能低；脱完后的糙米则粗纤维含量较低，消化能提高，但其粗蛋白质、赖氨酸和蛋氨酸含量却低于其他谷类籽实，消化能为玉米的85%。

从营养指标看，每千克稻谷含消化能11.62兆焦，粗蛋白质 7.7%，粗脂肪 1.8%，粗纤维 11.4%，钙 0.14%，磷 0.28%。在日粮中的用量一般为 10%～20%。

2. 糠麸类饲料 糠麸类饲料是指谷类籽实加工后的副产品，包括小麦麸、大麦麸、米糠、稻糠等，是丰富的能量饲料来源，是配合饲料的重要原料之一。

(1)米糠 米糠为稻谷的加工副产品。新鲜米糠适口性较好，蛋白质含量较高，粗纤维含量较低，含磷量较高，含钙量较低，但这些磷多与植物结合为植酸磷，肉兔的利用率较低。米糠的饲用价值通常与稻米精制程度有关，精制程度越高，则米糠的饲用价值越高。

米糠一般可分为细糠、统糠和米糠饼。细糠是去壳稻粒的加工副产品，由果皮、种皮、糊粉层及胚组成。统糠是由稻谷直接加工而成，包括稻壳、种皮、果皮及少量碎米。米糠饼为米糠经压榨提油后的副产品。细糠没有稻壳，营养价值高，与玉米相似，但由于含不饱和脂肪酸较多，易氧化酸败，不易保存。统糠粗纤维含量高，营养价值较差。米糠饼的脂肪和维生素减少了，但其他营养成分基本保留，且适口性及消化率均有所改善。

从营养指标看，每千克米糠含消化能 13.61 兆焦，粗蛋白质 11.6%，粗脂肪 14.12%，粗纤维 6.4%，钙 0.06%，磷 1.58%。在日粮中的用量一般为 10%～20%。

(2)麦麸 麦麸包括小麦麸和大麦麸，由种皮、糊粉层及胚组成，其营养价值因面粉加工精粗不同而异，通常面粉加工越精，麦麸营养价值越高。麦麸的粗纤维含量较多、为 8%～12%，脂肪含量较低，每千克的消化能较低，属低能饲料。粗蛋白质含量较高、可达 12%～17%，质量也较好。含丰富的铁、锰、锌以及 B 族维生素、维生素 E、尼克酸和胆碱。钙少磷多，比例悬殊(1∶8)，且多为植酸磷。大麦麸能量和蛋白质含量略高于小麦麸。麦麸质地膨松，适口性好，具有轻泻性和调节性。肉兔产后喂以适量的麦麸粥，可以调养消化道的功能。由于麦麸吸水性强，易发霉腐败，保存时应注意通风干燥。若大量干饲时易造成便秘，饲喂时应注意。

从营养指标看，每千克麦麸含消化能 10.87～11.26 兆焦，粗蛋白质 13.5%～15.4%，粗脂肪 4.03%～4.18%，粗纤维 5.1%～10.4%，钙 0.21%～0.33%，磷 0.48%～1.09%。在日粮中的用量为 10%～15%。

(四)蛋白质饲料

蛋白质饲料是指干物质中粗纤维含量在 18%以下，粗蛋白质含量在 20%以上的一类饲料。它是肉兔日粮中蛋白质的主要来源，其在日粮中所占比例为 10%～20%。包括植物性蛋白质饲料、动物性蛋白质饲料和单细胞蛋白质饲料。

1. 植物性蛋白质饲料 是指富含蛋白质的豆类籽实及其加工副产品。常用的主要有大豆、豌豆、蚕豆及大豆饼(粕)、花生饼(粕)、脱毒后的棉籽饼(粕)和菜籽饼(粕)等。

(1)豆类籽实 有两类：一类是高脂肪、高蛋白质的油料籽实，如大豆、花生等，一般不直接用作饲料；另一类是高碳水化合物、高蛋白质的豆类，如豌豆、蚕豆等。豆类籽实中粗蛋白质含量高达 20%～40%，品质好，优于其他植物性饲料。除大豆、花生外，脂肪含量约为 2%左右，消化能偏高。矿物质与维生素含量与谷实类大致相似或略高，钙含量稍高，钙、磷比例不适宜。生的豆类籽实含有一些抗营养因子，如大豆中含有抗胰蛋白酶、尿素酶、皂素与血凝素等，影响饲料的适口性、消化率及动物的一些生理过程，但经过适当的热处理后，可使其失去活性，提高饲料利用率。

(2)大豆饼(粕) 大豆饼(粕)是我国目前最常用的植物性蛋白质饲料，适口性好，一般粗蛋白质含量为35%～47%，蛋白质品质较好，赖氨酸含量高，且与精氨酸比例适宜。其蛋氨酸含量不足，低于菜籽饼(粕)和葵花仁饼(粕)，高于棉仁饼(粕)和花生饼(粕)。因此，在以大豆饼(粕)为主要蛋白质饲料的配合饲料中要添加蛋氨酸。大豆饼(粕)中含有生大豆中的不良物质，在制油过程中，如加热适当，可使其受到不同程度的破坏。如加热不足，得到的饼(粕)为生的，不能直接喂肉兔，尤其是生长肉兔。如加热过度，不良物质受到破坏，营养物质特别是必需氨基酸的利用率也会降低。因此，在使用大豆饼(粕)时，要注意检测其生熟程度。一般可从颜色上判定，加热适当的应为黄褐色，有香味；加热不足或未加热的颜色较浅或灰白色，没有香味或有鱼腥味；加热过度的呈暗褐色。大豆饼(粕)在饲粮中的用量一般为20%左右。

(3)棉籽饼(粕) 棉籽饼(粕)是棉籽制油后的副产品，其营养价值因棉花品种、榨油工艺不同而变化较大。棉籽脱壳后制油形成的饼(粕)为棉仁饼(粕)，粗蛋白质为41%～44%，粗纤维含量低，能值与豆饼相近似。不去壳的棉籽饼(粕)含粗蛋白质22%左右，粗纤维含量高、为11%～20%。带有一部分棉籽壳的为棉仁(籽)饼(粕)，粗蛋白质含量为34%～36%。棉仁饼(粕)赖氨酸和蛋氨酸含量低，精氨酸含量较高，硒含量低。棉籽饼(粕)中含有大量色素和对肉兔有害的棉酚。棉酚在制油过程中大部分与氨基酸结合为结合棉酚，对肉兔无害，但氨基酸利用率随之降低。一部分游离棉酚存在于棉籽仁和饼(粕)中，肉兔摄取游离棉酚过量或食用时间过长，易导致中毒。在使用中一定要脱毒处理或限量使用，一般占日粮的5%左右，控制在8%以下。

(4)花生饼(粕)　花生饼(粕)营养价值仅次于大豆饼(粕)，有甜香味，适口性好，蛋白质含量较高，是优质的蛋白质饲料。去壳的花生饼(粕)能量含量较高，粗蛋白质含量为44%～49%，能值和蛋白质含量在饼(粕)中最高。但是，花生饼(粕)不易贮存，极易感染黄曲霉而产生黄曲霉毒素，尤其在温暖潮湿的条件下，黄曲霉菌繁殖更快，且黄曲霉毒素经蒸煮不能除去，所以花生饼(粕)应新鲜利用，感染黄曲霉的花生饼(粕)不能再使用。

(5)菜籽饼(粕)　菜籽饼(粕)是油菜籽制油后的副产品，有效价值较低，适口性较差，含粗蛋白质36%左右。蛋氨酸含量较高，在饼(粕)中名列第二，精氨酸含量在饼(粕)中最低。磷的利用率较高，硒含量是植物性饲料中最高的。菜籽饼(粕)来源广泛，但含有较高的芥子酸、硫葡萄糖苷、单宁、植酸等抗营养因子，大量饲用会引起中毒。因此，没有经过去毒处理的菜籽饼(粕)一定要限制饲喂量。在配合日粮中不能超过7%。

2. 动物性蛋白质饲料　主要指水产副产品、昆虫类饲料及畜禽副产品。如鱼粉、蚯蚓、蚕蛹及肉骨粉、血粉等。日粮中的用量以3%～5%为宜。

3. 单细胞蛋白质饲料　这类饲料干物质中蛋白质含量高，B族维生素丰富，但蛋氨酸缺乏，适口性差。主要包括酵母、藻类等。常用的饲料酵母有啤酒酵母、石油酵母等，一般日粮中以添加2%～3%为宜。

(五)矿物质饲料

矿物质饲料包括：食盐、石粉、贝壳粉、蛋壳粉、石膏、硫酸钙、磷酸氢钠、磷酸氢钙、骨粉、混合矿物质补充饲料等。

(六)饲料添加剂

添加剂是指在配合饲料中加入的各种微量成分,其作用是完善饲料的营养成分、提高饲料的利用率,促进肉兔生长和预防疾病,减少饲料在贮存期间的营养损失、改善产品品质。

常用的有补充饲料营养成分的添加剂,如氨基酸、矿物质和维生素;促进饲料的利用和保健作用的添加剂,如生长促进剂、驱虫剂和助消化剂等;防止饲料品质降低的添加剂,如抗氧化剂、防霉剂、粘结剂和增味剂等。

1. 氨基酸添加剂 主要有蛋氨酸、赖氨酸等。一般在低蛋白质日粮中,只添加人工合成赖氨酸 50 毫克,蛋氨酸与胱氨酸各 25 毫克。

2. 维生素添加剂 有单一形式的维生素添加剂,也有与其他维生素、其他类型添加剂的混合添加剂形式(如多维素)。

3. 微量元素添加剂 常用的有硫酸铜、硫酸锰、硫酸锌、硫酸亚铁和亚硒酸钠等。

4. 驱虫保健剂 常用的驱虫保健剂有抗球虫剂。

5. 抗氧化剂 常用的有乙氧基喹啉、丁基化羟甲苯。一般配合料中用量为 0.01%～0.05%。

饲料添加剂要求感官指标具有该品种应有的色、嗅、味和形态特征,无发霉、变质、结块;饲料中使用的营养性饲料添加剂和一般饲料添加剂产品,应是农业部允许使用的饲料添加剂品种目录中所规定的品种和取得产品批准文号的新饲料添加剂品种;饲料中使用的饲料添加剂产品应是取得饲料添加剂产品生产许可证企业生产的、具有产品批准文号的产品。

药物饲料添加剂的使用应按照中华人民共和国农业部发

布的《饲料药物添加剂使用规范》执行；使用药物饲料添加剂应严格执行休药期规定。允许用于肉兔的饲料药物添加剂品种和使用规定见表12。

表12　允许用于肉兔饲料药物添加剂的品种和使用规定

名　称	含量规格（%）	用法与用量（克/吨饲料）（天）	作用与用途	休药期（天）
盐酸氯苯胍	10	1000～1500	用于防治兔球虫病	7
氯羟吡啶	25	800	用于防治兔球虫病	5

添加剂用量甚微，必须与扩散剂预先混匀再放入配合料后充分混匀，否则将会发生营养缺乏、药效不佳或发生中毒现象。

四、饲养标准

肉兔饲养标准的核心是保证日粮中能量、粗蛋白质、粗纤维及钙、磷的平衡，使肉兔既能表现出应有的生产性能，又能经济有效地利用饲料。饲养标准则是总结大量饲养试验结果和动物实际生产的需要，对各种特定动物所需要的各种营养物质的定额所作的系统的规定。它是动物生产计划中组织饲料供给、设计饲料配方、生产平衡日粮及对动物实行标准化饲养的技术指南和科学依据。饲养标准应包括规定各种营养物质的日需要量或供应量；日粮营养物质的含量水平；常用饲料的营养价值表和典型的日粮配方四个部分。

在具体应用过程中需注意以下三方面：饲养标准多是以本国本地的饲养条件和生产水平为基础编制，应灵活应用，切忌生搬硬套；肉兔对营养物质的需要量不是固定不变的，随着品种的改良、日粮全价性的完善以及对饲料利用率的提高，其对营养物质的需要量也将逐步有所变化；饲养标准是科学试验和生产实践相结合的产物，只有一定的代表性，但自然条件、管理水平等的差异决定了广大肉兔生产者应根据具体条件适当修改和检验肉兔的营养需要量。

部分单位的科研人员参照国外有关标准和本国生产实际拟定了一些具有推荐性质的饲养标准(表 13，表 14 和表 15)。

表 13　中国农科院兰州畜牧研究所肉兔饲养标准

项　目	生长兔	妊娠母兔	哺乳母兔及仔兔	种公兔
消化能(兆焦/千克)	10.46	10.46	11.30	10.04
粗蛋白质(%)	15～16	15	18	18
蛋能比(克/兆焦)	14～15	14	16	18
钙(%)	0.5	0.8	1.1	—
磷(%)	0.3	0.5	0.8	—
钾(%)	0.8	0.9	0.9	—
钠(%)	0.4	0.4	0.4	—
氯(%)	0.4	0.4	0.4	—
含硫氨基酸(%)	0.5	—	0.6	—
赖氨酸(%)	0.66	—	0.75	—
精氨酸(%)	0.9	—	0.8	—
苏氨酸(%)	0.55	—	0.70	—
色氨酸(%)	0.18	—	0.22	—
组氨酸(%)	0.35	—	0.43	—
苯丙氨酸＋酪氨酸(%)	1.20	—	1.40	—
缬氨酸(%)	0.70	—	0.85	—
亮氨酸(%)1.05	—	1.25	—	

表 14　美国国家研究委员会肉兔各阶段饲养标准

营养物质	成年兔、空怀兔、妊娠初期母兔	妊娠后期母兔、泌乳带仔母兔	生长兔、肥育兔
粗蛋白质(%)	12～16	17～18	17～18
粗脂肪(%)	2～4	2～6	2～6
能量(兆焦/千克)	11.42	12.30～14.05	14.06
粗纤维(%)	12～14	10～12	10～12
钙(%)	1.0	1.0～1.2	1.0～1.2
磷(%)	0.4	0.4～0.8	0.4～0.8
食盐(%)	0.5	0.65	0.65
镁(%)	0.25	0.25	0.25
钾(%)	1	1.50	1.50
锰(毫克/千克)	30	50	50
锌(毫克/千克)	20	30	30
铁(毫克/千克)	100	100	100
铜(毫克/千克)	10	10	10
蛋氨酸＋胱氨酸(%)	0.5	0.56	0.56
赖氨酸(%)	0.60	0.80	0.80
精氨酸(%)	0.60	0.80	0.80
维生素 A(单位/千克)	8000	9000	9000
维生素 D(单位/千克)	1000	1000	1000
维生素 E(单位/千克)	20	20	20
维生素 K(单位/千克)	1.0	1.0	1.0
胆碱(毫克/千克)	1300	1300	1300
维生素 B_{12}(毫克/千克)	10	10	10
维生素 B_6(毫克/千克)	1.0	1.0	1.0

表 15　法国农业研究院肉兔各生理阶段饲养标准

养　分	4～12 周龄 生长兔	哺乳兔	妊娠兔	维持量	母仔兔
消化能(兆焦/千克)	10.46	11.30	10.46	9.2	10.46
代谢能(兆焦/千克)	10.04	10.88	10.04	8.87	10.08
粗蛋白质(%)	15	18	18	13	17
粗脂肪(%)	3	5	3	3	3
粗纤维(%)	14	12	14	15～16	14
难消化纤维(%)	12	10	12	13	12
钙(%)	0.5	1.1	0.8	0.6	1.1
磷(%)	0.3	0.8	0.5	0.4	0.8
钾(%)	0.8	0.9	0.9	—	0.9
钠(%)	0.4	0.4	0.4	—	0.4
氯(%)	0.4	0.4	0.4	—	0.4
镁(%)	0.03	0.04	0.04	—	0.04
硫(%)	0.04	—	—	—	0.04
钴($\times10^{-6}$)	1.0	1.0	—	—	1.0
铜($\times10^{-6}$)	5.0	5.0	—	—	5.0
含硫氨基酸(%)	0.5	0.6	—	—	0.55
赖氨酸(%)	0.6	0.75	—	—	0.7
精氨酸(%)	0.9	0.8	—	—	0.9
苏氨酸(%)	0.55	0.7	—	—	0.6
色氨酸(%)	0.18	0.22	—	—	0.2
组氨酸(%)	0.35	0.43	—	—	0.4
异亮氨酸(%)	0.6	0.7	—	—	0.65
苯丙氨酸＋酪氨酸(%)	1.2	1.4	—	—	1.25
缬氨酸(%)	0.7	0.85	—	—	0.8
亮氨酸(%)	1.5	1.25	—	—	1.2

五、饲料配合

标准的配合饲料又称全价配合饲料或全价料，是按照动物的营养需要标准（或饲养标准）和饲料营养成分价值表，由多种单个饲料原料（包括合成的氨基酸、维生素、矿物元素及非营养性添加剂）混合而成的，能够完全满足动物对各种营养物质的需要。在配合肉兔饲料时应根据当地饲料资源和饲料营养价值，选取适当的饲料科学地确定各种饲料的最佳混合比例和数量，以提供给肉兔营养平衡、价格低廉的全价饲粮。配合饲料质量的好坏，取决于所确定的营养需要量和饲料养分的生物效价（营养价值）的准确程度。因此，选择优质的饲料原料和进行合理的配方设计，就成为充分发挥肉兔生产潜力、降低生产成本、增加经济收益的重要条件。

配合饲料、浓缩饲料和添加剂预混合饲料要求感官指标（无霉变、结块及异味、异嗅）、有毒有害物质及微生物允许量应符合《GB 13078 饲料卫生标准》和表 11 的规定，肉兔颗粒饲料应符合《GB/T 16765 颗粒饲料通用技术条件》的规定。肉兔配合饲料、浓缩饲料、精料补充料和添加剂预混合饲料中不应使用违禁药物，使用药物饲料添加剂应符合表 12 的规定。

（一）饲料配合原则

1. 选择合适的饲养标准　从生产实际出发，根据肉兔的品种、年龄、体重，生理状态、生产目的与水平选取相应的标准。

2. 选用适宜的饲料原料　在选择饲料原料时，应对本地饲料资源进行详细的调查，了解可用原料的来源、数量、质量、价格，确保原料的均衡供应。同时还应全面分析评价饲料原料的营养特性，明确该饲料的突出优点和严重缺陷，使用时要扬长避短，合理搭配。另外，在选择饲料时还要注意以下几个方面。

第一，注意饲料品质。选择饲料时应保证原料新鲜、无霉变、无重金属污染，无杂质，品质优良。对于含有毒素、抗营养因子的原料应进行相应的脱毒处理，或者限量饲喂，以免造成副作用。

第二，注意饲料体积。饲料种类不同，其体积大小不同，营养浓度差异也很大。体积过大，会造成消化道负担过重；体积过小，即使满足营养需要，但因为不能使兔子产生饱腹感，从而影响生长发育。

第三，注意饲料的适口性。应尽量选择适口性好、无异味的原料。

第四，尽量多选择几种饲料，集合多种饲料，互相补充，才能配成营养全面、平衡的日粮。

3. 讲求经济效益 设计配方最重要的原则是取得最大的经济效益。配合饲料费用占养殖成本的60%～70%，甚至更多。在选择饲料时，必须因地制宜，就地取材，充分发挥本地饲料资源的优势。

（二）饲料配合时应注意的问题

1. 应尽量满足家兔所有的营养需要 注意能量、蛋白质间的关系，特别注意配足必需氨基酸如蛋氨酸、赖氨酸等。维生素和微量元素一般要超标准使用，依据环境、饲养管理、气候等的变化上调20%～150%不等。但对微量元素硒要谨慎从事，准确计算其数量，不可盲目调高，以免发生中毒。

2. 原料种类要尽可能多 原料种类多，有利于营养互补。在不严重影响配合饲料品质的前提下，可以用价格便宜的饲料替代价格较贵的饲料。玉米应限制用量，用量多时会在家兔肠内异常发酵，导致腹泻。

3. 要限制有害有毒原料的使用 质量低劣的动物性蛋白质饲料最好不用，因为造成危害的可能性很大。对于含有毒素或有问题的饲料从经济角度考虑非用不可时，要限制用量，一般不超过3%。添加药物要注意有效期，而且要轮换使用，以防产生抗药性。

4. 对饲料配方要进行优劣评定 评定配方优劣的标准是进行小范围饲养试验。家兔喜食，生长快，饲料转化率高，成本低，收益大，而且饲料原料丰富。

(三)饲料配合方法

饲料配方方法有手算法和电脑运算法。计算机专用配方软件，使用起来越来越简单，大大方便了广大养殖户。

1. 电脑运算法 运用电脑制定饲料配方，主要根据所用饲料的品种和营养成分、肉兔对各种营养物质的需要量及市场价格变动情况等条件，将有关数据输入计算机，并提出约束条件(如饲料配比、营养指标等)，根据线性规划原理很快就可计算出能满足营养要求而价格较低的饲料配方，即最佳饲料配方。

2. 手算法 手算法包括试差法、对角线法和公式法等。其中以试差法较为实用。试差法是专业知识，算术运算及计算经验相结合的一种配方计算方法。可以同时计算多个营养指标。不受饲料原料种数限制。但要配平衡一个营养指标满足已确定的营养需要，一般要反复试算多次才可达到目的。在对配方设计要求不太严格的条件下，此法仍是一种简便可行的计算方法。现以生长肉兔饲料配方为例，举例说明如下。

第一步，查出营养需要量。根据肉兔营养需要和生产兔场的实践经验，每千克生长肉兔饲料中应含消化能 10.46 兆焦，粗蛋白质 16%，粗纤维 14%，粗脂肪 39%。每天每只生长肉兔约需干物质 180 克，消化能 1 832 千焦，粗蛋白质 28 克，粗纤维 25 克，钙 1.7 克，磷 0.7 克。

第二步，计算粗饲料营养成分。根据兔场现有饲料条件，粗饲料选用稻草粉和麦麸，其中容易消化的麦麸约占日粮的 15%(180×15%=27 克)，难消化的稻草粉为 153 克(180－27=153 克)。从饲料营养成分表(表 16)中查出各自的营养成分。

表 16　饲料营养成分

饲料（种类）	重量（克）	消化能（千焦）	粗蛋白质（克）	含硫氨基酸（克）	粗纤维（克）	钙（克）	磷（克）
稻草粉	153	941.4	7	0	45.9	0.40	0.11
麦　麸	27	326.4	4	0.2	2.0	0.02	0.23
合　计	180	1267.8	11	0.2	47.9	0.42	0.34

第三步，配平能量需要量。试用一部分大麦代替稻草粉，以满足能量需要。大麦可消化能含量为 13 514.3 千焦/千克，稻草粉为 6 150.5 千焦/千克，两者相差 7 363.8 千焦/千克，即用 1 千克大麦代替 1 千克稻草粉可提高能值 7 363.8 千焦/千克。由第一步、第二步相比可知，消化能尚缺 564.2 千焦。因此，满足消化能需要的大麦代替量为 564.2/7 363.8≈80 克。

根据以上换算结果，用稻草粉、大麦粉和麦麸配合，其养分平衡状况见表17。

表17 能量平衡结果

饲料（种类）	重量（克）	消化能（千焦）	粗蛋白质（克）	含硫氨基酸（克）	粗纤维（克）	钙（克）	磷（克）
稻草粉	73	447.7	3.3	0	20.0	0.25	0.05
麦　麸	27	326.4	4.0	0.2	2.0	0.02	0.23
大麦粉	80	1079.5	8.5	0.3	3.0	0.08	0.26
合　计	180	1853.6	15.8	0.5	25.0	0.35	0.64

第四步，配平蛋白质需要量。消化能已基本满足需要，粗蛋白质尚缺12.2克，故试用能量与大麦相当的豆饼代替部分大麦，以满足蛋白质需要。豆饼蛋白质含量为440克/千克，而大麦则为106克/千克，两者相差334克/千克，故满足粗蛋白质需要量需豆饼代替量为12.2/0.334≈37克。用稻草粉、麦麸、大麦粉、豆饼粉配合，其养分平衡状况见表18。

表18 蛋白质平衡结果

饲料（种类）	重量（克）	消化能（千焦）	粗蛋白质（克）	含硫氨基酸（克）	粗纤维（克）	钙（克）	磷（克）
稻草粉	73	447.7	3.3	0	20.0	0.25	0.05
麦　麸	27	326.4	4.0	0.20	2.0	0.02	0.23
大麦粉	43	577.4	5.0	0.17	1.5	0.04	0.14
豆　饼	37	527.2	16.3	0.43	2.0	0.12	0.25
合　计	180	1878.7	28.6	0.80	25.5	0.43	0.67
占需要量	100%	101%	102%	57%	102%	25%	96%

根据上述换算结果，尚缺含硫氨基酸0.6克，钙1.27克，

可直接加入蛋氨酸和碳酸钙配平；为增加肉兔食欲和补充钠的需要量，还需添加食盐0.5%。另外，为满足生长肉兔对维生素的需要量，每50千克配合饲料需添加多维素10克。最终形成的配方如表19所示。

表19 最终形成的配方

饲料(种类)	配合比例(%)	主要养分	含 量
稻草粉	40	消化能(兆焦/千克)	10.4
麦 麸	15	粗蛋白质(%)	16.0
大麦粉	23	粗纤维	14.0
豆 饼	20	含硫氨基酸(克)	0.8
骨 粉	1.2	钙(克)	0.6
食 盐	0.5	磷(克)	0.4
蛋氨酸	0.3		

(四)典型饲料配方举例

设计和采用科学而实用的饲料配方是合理利用当地饲料资源，提高养兔生产水平，保证兔群健康，获得较高经济效益的重要保证。现列出一些肉兔饲料配方(表20至表24)仅供参考。

表20 中国农科院兰州畜牧研究所肉兔各阶段饲料配方

项 目	生长兔	妊娠母兔	哺乳母兔及仔兔	种公兔
饲料原料				
苜蓿草粉(%)	36	35	30.5	49
麦 麸(%)	11.2	7	3	15

续表 20

项目	生长兔	妊娠母兔	哺乳母兔及仔兔	种公兔
玉　米(%)	22	21.5	30	17
大　麦(%)	14	—	10	—
燕　麦(%)	—	22.1	—	—
豆　饼(%)	11.5	9.8	17.5	15
鱼　粉(%)	0.3	0.6	4	3
食　盐(%)	0.2	0.2	0.2	0.2
石　粉(%)	2.8	1.8	2	0.8
骨　粉(%)	2	2	2.8	—
日粮的营养价值				
消化能(兆焦/千克)	10.46	10.46	11.3	9.79
粗蛋白质(%)	15	15	18	18
粗纤维(%)	15	16	12.8	19
添　加				
蛋氨酸(%)	0.14	0.12	—	—
多维素(%)	0.01	0.01	0.01	0.01
硫酸铜(毫克/千克)	50	50	50	50
氯苯胍	160片/50千克,妊娠兔日粮中不加,公兔定期加入			

表 21　四川农业大学肉兔各生理阶段饲料配方

项目	断奶仔兔	2月龄兔	3月龄兔	妊娠母兔	空怀母兔
草粉(%)	14	20	26.5	30	40
豆粕(%)	23	21	19.3	22.2	19
玉米(%)	30	30.5	31.2	23.5	18.5
麦麸(%)	27.5	23.2	20	20.8	17
骨粉(%)	2	1.8	1.5	2	2
食盐(%)	0.5	0.5	0.5	0.5	0.5
添加剂(%)	1	1	1	1	1
鱼粉(%)	2	2	—	—	2

表 22　东北农业大学肉用兔饲料配方

原料名称	比例(%)	原料名称	比例(%)
玉米粉	47	鱼　粉	5
小麦粉	20	贝壳粉	2
大豆饼	25	食　盐	0.5

表 23　中国农科院江苏分院肉兔饲料配方

原料名称	1～2 月龄仔兔	3～5 月龄仔兔	哺乳母兔	成年兔
麦　麸(%)	16	16	17	10
米　糠(%)	—	—	10	18
豆　饼(%)	10	15	20	10
豆　渣(%)	70	64	50	60
骨　粉(%)	2	2	2.5	1
食　盐(%)	1	1.5	0.5	1
砻糠灰(%)	1	1.5	—	—

表 24　河北农业大学生长肥育肉兔浓缩料配方

原料名称	比例(%)	原料名称	比例(%)
豆　饼	76.9	维生素	0.1
鱼　粉	19.9	赖氨酸	0.5
食　盐	2.0	蛋氨酸	0.4
微量元素	0.2		

六、肉兔日饲喂量标准

肉兔每天的全价料饲喂量因不同的生长季节和不同生理

阶段而有所不同(表 25,表 26)。夏季,哺乳母兔青饲料饲喂量为 1 000～1 200 克,精料为 100～125 克;幼兔青饲料为 200～300 克,精料为 25～50 克;生长兔青饲料为 400～700 克,精料为 50～75 克。冬季,哺乳母兔干草(羊草)饲喂量为 250～350 克,块根(胡萝卜)为 250～300 克,精料为 100～150 克;幼兔干草为 50～100 克,块根为 30～50 克,精料为 30～50 克;生长兔干草为 100～150 克,块根为 150～300 克,精料为 50～100 克。

表 25 成年兔青、干饲料和精料日采食量

饲料种类	平均采食量(克/日)	最大采食量(克/日)
青饲料(夏)	600	1000
干饲料(冬)	350	550
精　料	120	200

表 26 仔幼兔全价料日采食量

日　龄	采食量(克/日)	日　龄	采食量(克/日)
初生～15	0	36～42	40～80
16～21	0～20	43～49	70～110
22～35	15～50	50～63	100～160

第五章　肉兔管理标准化

一、肉兔的生活习性

肉兔起源于野生穴兔，在人类长期驯养过程中，改变了野兔原有的许多习性，但也保留了许多原有的生物学特性。因而，了解肉兔的生物学特性，能更好地提高肉兔的饲养管理水平，增加肉兔养殖的经济效益。

（一）夜行性

在人工饲养条件下，肉兔白天多静伏笼中，闭目养神，从黄昏到次日凌晨则显得十分活跃，频繁采食和饮水。据测定，肉兔在夜间的采食量和饮水量远多于白天，大约相当于一昼夜的75％，尤其在晚上10时左右，是全天活动的高峰时期。根据肉兔的这种习性，在饲养管理中应合理安排日程，白天尽量不要惊扰，保持兔舍安静，每天最后一次喂料时间迟些、数量多些，并备足饮水。

（二）嗜眠性

嗜眠性就是指兔在一定条件下白天很容易进入沉睡状态。此时，除听觉外，其他刺激不易引起兴奋，如视觉消失，痛觉迟钝或消失。利用兔的这一特性，可以有意识地将它催眠，进行编耳号、去势、投药、注射、创伤处理或其他小型手术，免除因使用麻醉药物而引起的副作用。催眠的具体方法是：将兔背部朝下仰卧保定在“V”字形架上或平台上。然后顺毛方向抚摸其胸、腹部，同时用食指和拇指按摩头部的太阳穴部位，兔很快就会进入沉睡状态。其标志是眼睛半睁半闭、斜视；全身肌肉松弛，头部后仰；呼吸频率降低，呈均匀的深呼吸。

（三）胆小怕惊

兔耳长大，听觉灵敏，在醒着的时候，经常保持着高度的警惕性，表现得十分胆小。对外界环境的变化非常敏感，一有异常响声，兔就会竖耳静听，或惊惶失措、乱蹦乱跳，或以后足拍击笼底发出响声，以致引起其他兔甚至全群兔出现同样的反应。受惊吓妊娠母兔容易发生流产。正在分娩母兔受惊吓会咬死或吃掉初生仔兔。哺乳母兔受惊吓，拒绝仔兔吃奶。正在采食的兔子，受惊吓往往停止采食。因此，保持兔舍的环境安静，是养好肉兔不可忽视的重要环节。

为了保持环境安静，在兴建兔舍时，不要与机器房建在一起，兔舍也不要紧靠交通要道旁，不要在兔舍旁发动手扶拖拉机，平时在兔舍内操作动作要轻，不要大声喧哗，不要人群围观，不要让狗、猫等动物进入兔舍。

（四）喜清洁爱干燥

肉兔喜欢生活在清洁而干燥的环境中，排粪排尿都有固定的地方，这是它们适应环境的本能。肉兔对疾病的抵抗能力较差，容易染病，尤其在多雨、潮湿的地区和季节更容易传染各种疾病。所以，兔舍、兔笼要干燥、清洁，喂兔的草料、饲槽等也必须清洁。弄脏的草料兔不爱吃，应有草架。因此，在日常管理中，为肉兔创造清洁而干燥的环境，是养好肉兔的一条重要原则。

(五)穴 居 性

穴居性就是指兔有打洞的习性，是为创造栖息环境和防御敌害所特有的本能，但现代笼养兔很难顺应这种习性，只是在母兔产仔时才提供保暖的产仔箱或产房。

如果在泥土地面平养，应防止肉兔打洞旧习重演，严加控制，不让其有打洞的机会。否则，就可能给饲养者造成不必要的损失。

(六)怕热耐寒

肉兔全身被毛，具有很强的抗寒能力，但汗腺缺乏，难以通过出汗来散发体热，所以兔子非常怕热。适宜的气温是10℃～25℃，超过30℃或者低于5℃，都会引起食欲减退，繁殖率降低。实践证明，兔在高温条件下，对其生长发育和繁殖均有不良的影响，甚至死亡；相反，在防风、防雨条件下，成年兔能忍受0℃以下的气温，但仔兔对低温的忍受力很低。

(七)争 斗 性

群养时，同性的成年兔群里经常发生互斗和咬伤，特别是公兔间或新组群的兔更为普遍。因此，养兔适于笼养，这样也可以避免兔群中粪尿互相污染。另外，只有幼兔才能够集群饲养，3月龄以上的兔，实行群养，则弊多利少。

(八)嗅觉灵敏

兔的嗅觉很灵敏，常用嗅觉辨认异性和栖息场所，母兔通过嗅觉来识别亲生仔兔。因此，在仔兔需要并窝或寄养时，应采取相应的措施，使其辨别不清。如可在寄养仔兔身上抹些其亲生仔兔尿液，也可用保姆兔乳汁或尿液涂抹在仔兔身上，可使其接受代乳的仔兔。

（九）啮齿行为

肉兔的门齿是恒齿，出生时就有，并不断生长，发达而锐利，喜啃咬硬物，磨损其牙齿，以保持上下颌齿面的吻合。肉兔的此种习性常造成木质笼具或其他设备的损坏。为避免造成不必要的损失，在生产上向兔笼内经常投放一些短树枝和粗硬草料，任其自由啃咬、磨牙。笼具尽量不用木料，应注意笼的坚固性和耐用性，笼内平整，不留棱角，对易啃咬处进行加固等措施。

（十）群居性差

肉兔与其他畜禽相比，群居性差，不宜群养。成年同性别的肉兔关在一起，常发生撕咬、斗殴现象，特别是公兔之间尤为严重，轻者损伤皮毛，重者严重致伤，甚至咬坏睾丸，失去配种能力。因此，对于种兔特别是种公兔和妊娠、哺乳母兔宜单笼饲养；商品兔要群养时，应根据体型大小、强弱和性别进行合理分群，但每群数量不宜过多，宜3～5只或7～8只为宜，并经常观察合群情况，防止争斗和撕咬，以免咬伤造成损失。

二、肉兔标准化生产管理准则

肉兔标准化生产要求各生产环节，如引种、兔场环境、兔舍设施、投入品、饲养管理、卫生消毒、废弃物处理、生产记录应遵循一定的管理准则。

(一)引种管理准则

生产商品肉兔的种兔应来自有种兔生产经营许可证的种兔场，种兔应生长发育正常，健康无病；引进的种兔应隔离饲养30～40天，经观察无病后，方可引入生产区进行饲养；不应从疫区引进种兔。

(二)兔场环境管理准则

兔场应建在干燥，通风良好，采光充足，易于排水的地方；兔场周围1千米无大型化工厂、采矿场、皮革厂、肉品加工厂、屠宰场或其他畜牧场污染源；兔场应距离干线公路、铁路、居民区和公共场所0.5千米以上，兔场周围应有围墙；生产区要保持安静并与生活区、管理区分开；兔场应设有病兔隔离舍，避免传染健康兔；兔场应设有焚尸坑及废弃物贮存设施，防止渗漏、溢流、恶臭等污染；兔场内不应饲养其他动物。

(三)兔舍设施管理准则

兔舍建筑应符合卫生要求，内墙表面光滑平整，地面和墙壁便于清洗并耐酸、碱等消毒液；兔舍建筑能保温隔热；兔舍内通风良好，舍温适宜，舍内空气质量应符合《NY/T 388畜禽场环境质量标准》的要求；按兔体型大小和使用目的配置不同型号的饲养笼，兔笼底网设计应防止脚皮炎发生。

(四)投入品管理准则

1. 饲料　饲料、饲料原料和饲料添加剂应符合《NY 5132肉兔饲养饲料使用准则》的要求；青饲料应清洁、无污染、无毒，晾干表面水分后饲喂；根据兔的不同生长阶段，按照营养要求配制不同的饲料；不使用冰冻饲料或被农药、黄曲霉毒素等污染的饲料，禁用肉骨粉；使用药物饲料添加剂时，应执行休药期规定。

2. 兽药使用 饮水或拌料方式添加的兽药应符合《NY 5130 肉兔饲养兽药使用准则》的规定；肥育后期的商品兔，使用兽药时，应执行休药期规定。

3. 防疫 防疫应符合《NY 5131 肉兔饲养兽医防疫准则》；防疫器械在防疫前后应消毒处理。

（五）卫生消毒管理准则

1. 消毒剂 应选择对人和兔安全，对设备没有破坏性，没有残留毒性的消毒剂，所有消毒剂应符合《NY 5131 肉兔饲养兽医防疫准则》的规定。

2. 消毒制度

（1）环境消毒 每 2～3 周对周围环境消毒 1 次。每月对场内污水池、堆粪坑、下水道出口消毒 1 次。兔场、兔舍入口处的消毒池使用 2％火碱或煤酚皂等溶液。

（2）人员消毒 工作人员进入生产区，要更衣、换鞋，踩踏消毒池，接受 5 分钟紫外线照射。

（3）兔舍消毒 进兔前应将兔舍打扫干净并彻底清洗消毒。

（4）兔笼消毒 用火焰喷灯对兔笼及相关部件依次瞬间喷射。

（5）用具消毒 定期对饲槽、产仔箱、饮水器等用具进行消毒。

（6）带兔消毒 用消毒液喷洒兔体全身及周围笼具。

(六)饲养管理准则

1. 饲养员 应身体健康,无人兽共患病,并定期进行健康检查,有传染病者不得从事养殖工作。

2. 喂料 青绿饲料不应直接放在笼底网上饲喂;保持饲槽、饮水器、产仔箱等器具的清洁。

3. 饮水 水质应符合《NY 5027 畜禽饮用水水质》的要求;饮水设备应定期维修,保持清洁卫生。

4. 日常清洁卫生 及时清扫兔笼粪便,保持兔舍卫生,定期灭鼠。

(七)废弃物处理管理准则

兔场废弃物处理应实行减量化、无害化、资源化原则;兔粪及产仔箱垫料应经过堆肥发酵后,方可作为肥料;兔舍污水应经发酵、沉淀后才能作为液体肥使用。兔舍应有防鼠的措施,及时清除死鼠。

(八)病死兔处理管理准则

传染病致死的兔尸或因病扑杀的死兔应按《GB 16548 畜禽病害肉尸及其产品无害化处理规程》要求进行无害化处理;兔场不应出售病兔、死兔;病兔应隔离饲养,由兽医进行诊治。

(九)生产记录管理准则

所有记录应准确、可靠、完整;生产记录,包括配种日期、产仔日期、产仔数、断奶日期、断奶数、出栏数等;种兔系谱、生产性能记录;各阶段使用的饲料配方及添加剂成分记录;

免疫、用药、发病和治疗记录。资料应最少保留3年。

三、肉兔的日常饲养管理

(一)饲养管理原则

1. 饲养原则

(1)青饲料为主,精饲料为辅　肉兔是草食性动物,且青绿饲料来源广泛,成本低,营养也全面。因此,肉兔的日粮应以青饲料为主,但单纯的青饲料往往不能满足肉兔的营养供给,尤其在妊娠、泌乳期间,这就需要通过补充适当的精料来满足营养需要。但精料过多,则容易引起肉兔消化系统紊乱,导致腹泻等,因此,应以精料为辅。

(2)多种饲料合理搭配　肉兔生长快,代谢旺盛,需要全面充足的营养,但单一的饲料往往不能满足肉兔全面的营养需要,应根据不同饲料所含的营养成分进行合理搭配。

(3)结合实际,科学饲喂　肉兔的饲喂方式通常有定时定量饲喂法、自由采食法和混合饲喂法,应结合养殖场实际情况和肉兔不同生理阶段对营养的数量和质量要求,选择不同的饲喂方式。定时定量饲喂法是给肉兔的饲料和饮水定时定量,使肉兔养成良好的进食习惯,既有利于减少饲料的浪费,又有利于饲料的消化和营养物质的吸收,防止消化道疾病的发生。幼兔每天饲喂5～6次,青年兔4～5次,成年兔3～4次。自由采食法是一直在兔笼中备有饲料和饮水,任其自由采食,多采用颗粒饲料和自动饮水装置,此法适用于大、中型养兔场,可省时、省工,管理方便;混合饲喂法是将肉兔的饲料分为基础饲料和补充饲料,基础饲料主要是青、粗饲料采用自由采食的方法，补充饲料即混合饲料、颗粒饲料和块茎饲料采用分次饲喂的方法。

肉兔的饲喂尽量要少给勤添，每次饲喂先粗后精。少给勤添可防止夏天饲料酸败变质和冬天饲料结冰，在肉兔采食后引起消化道疾病。

(4)饲料更换逐渐过渡　肉兔的饲料随着季节的变化也在发生着变化，在秋季进入冬季时，会以青绿饲料向干饲料过渡，春、夏会以干饲料向青绿饲料过渡，在变换期间，新饲料要逐渐增加，使肉兔的消化功能逐渐适应。如饲料突然变换，会引起采食量下降、消化功能紊乱，患消化道疾病。

(5)充足洁净的饮水　优质充足的饮水是肉兔生长、发育、繁殖所必需的，任何时间都要保证肉兔自由饮水，同时，不能饮用污染水和不符合引用标准的水，对饮水器皿等必须每天清洗干净，不饮隔夜水和冷冻水。

(6)保证饲料品质　优良的饲料品质是肉兔养殖的关键，带露水的草要晾干后再喂，夹杂泥土的草要洗净晾干后再喂；不要喂腐烂变质或被农药污染的草和料；青草和蔬菜类应挑出有毒及带刺的杂草；干草、秸秆、树叶要清除尘土及霉变部分，并粉碎后与精料混喂或制成颗粒饲料喂养；块根、块茎要经过挑选，洗净，切碎或切成丝后与精料混合后饲喂；玉米类饲料要磨成粉，豆科类饲料一定要蒸煮或烤焙加工后与干草粉拌湿饲喂或制成颗粒饲料饲喂；不能饲喂发芽的马铃薯及带黑斑病的甘薯；也不能大量饲喂苜蓿及紫云英类饲草；禁喂冰冻的饲料；水洗后和雨后的饲料必须晾干水珠后再喂；更不能饲喂被粪、尿污染的饲料。总之，要按各种饲料的不同特点进行合理调制，做到洗净、切碎、煮熟、调匀、晾干，以提高饲料利用率，增进食欲，促进消化，并达到防病目的。

2. 管理原则

(1)卫生　兔舍、兔笼必须每天打扫,及时清除粪便,保持兔舍的清洁干燥,勤更换垫草垫料,对饲喂用具和兔笼要勤洗刷,定期消毒。

(2)安静　禁止在兔舍内大声说话,陌生人和其他动物严禁进入,日常饲养管理要尽量动作缓慢,防止对肉兔造成应激。

(3)分群管理　对不同品种、不同生产方向和生产目的、不同性别、不同生理阶段和发病或疑似发病的均要分开进行饲养。

(4)定期检查　对兔群健康状况、种兔体质和繁殖效果要进行定期的检查,淘汰生产性能低下和老弱病残兔。

(5)合理安排作息时间　根据肉兔的生活习性,结合养殖场(户)的实际生产情况,合理安排兔场的作息时间(表27)。

表27　兔场全天作息时间表

时　间	项　目	生产安排
6:00	检　查	兔舍(温度、湿度、室内空气),兔(精神状况、粪便、母兔发情和分娩、死亡、发病),饲喂设施(饮水系统、饲槽、饲料)等
	喂　料	针对不同饲喂量和添加成分定时定量喂料
	饮　水	清理饮水器具,添加清洁水
	喂　奶	对仔兔进行监护喂奶
	卫　生	兔舍、兔笼卫生,粪便清理
8:30	配　种	按兔场计划对发情母兔进行配种或人工授精
	妊娠检查	对配种或人工授精第八天的母兔进行摸胎检查
	仔兔管理	整理产箱,检查仔兔发育,打耳号、断奶
	补　饲	对仔兔和泌乳母兔补饲
	防　疫	按防疫计划进行相应疫(菌)苗注射
	病兔处理	对病兔进行隔离、治疗、笼具消毒
	消　毒	定期对兔舍、兔笼消毒处理

续表 27

时 间	项 目	生产安排
15：00	复 配	对上午配种母兔进行复配
	其 他	对仔兔和泌乳母兔补饲，完成上午未尽事宜
18：00	喂 料	第二次喂料
19：00	整 理	整理填写一天记录
22：00	喂 料	第三次喂料
	饮 水	添加清洁水
	检 查	兔群检查
	休 息	关闭电灯，休息

注：此表为春、秋季节作息时间表，在夏季可提前 0.5～1 小时，冬季延后 0.5～1 小时

(二)饲养方式

肉兔的饲养方式大致可分为笼养、栅养和洞养。

1. 笼养 笼养是种兔场和养兔专业户普遍采用的饲养方式，其优点是能经济利用土地，饲养管理方便，能及时观察家兔的神态和食欲。兔笼的式样可建成单层双联兔笼，在室内外均可搬动使用，适合少量饲养。双层双联式兔笼比单层利用率高，室内外均可搬动使用。三层多联式兔笼更能充分利用地面，可用木、竹、砖、水泥等材料制成；多建成固定式，适合饲养量较大的场(户)采用。

2. 栅养 栅养是利用空房间，安装(长 120 厘米×宽 110 厘米×高 60 厘米)的栅栏，用竹片或铁丝网隔成，顶部也用铁丝网制成盖，以防野兽和老鼠窜入，栏内地面垫干土或干草，并经常加入干草和干土，等达到一定高度后再彻底清除，这样无需每天打扫，既节省劳力又可保持栏内干燥温暖。其优点

是节省建材和劳力,兔有活动场地,食欲增强,促进生长,但不利于控制疾病的传播。饲养哺乳母兔,仔兔活动面积大,可以提早开食,提高仔兔成活率。

3. 洞养 在山区利用山坡地形造梯田式兔舍,挖洞养兔,可以大量节省基建费用。山洞内温度变化幅度小,冬暖夏凉,有一定活动面积,能促进家兔体质健壮。

挖洞最好选择向阳坡,洞深120～150厘米、宽100厘米、高80厘米,洞门高60厘米、宽40厘米,两洞之间相隔30厘米,每个洞门要安装能开关的活动门,门外建运动场,用栅栏隔起来。根据山坡形状可以建成双层或三层饲洞,母兔妊娠、哺乳均可采用洞饲。其缺点是多雨地区管理不便,母兔产仔于洞的深处,难以检查和管理。

(三)一般管理技术

1. 提兔方法 先将兔笼内活动性饲槽、水槽取出,兔安静后,右手伸到兔子头的前部将其拦住,顺势将其耳朵按压在颈肩部,抓住其两耳及颈部皮肤轻轻提起,并迅速用另一只手托住臀部,将兔上提并翻转手心,使兔的腹部及四肢向上拉出兔笼。

2. 年龄鉴别 兔的年龄鉴别主要根据后脚趾爪的颜色、长度和弯曲度,牙齿及皮板厚薄。幼兔、青年兔爪短而直,基部呈粉红色,尖端呈白色,多隐在脚毛中。1岁左右的成年兔爪较长,略弯曲,趾爪露出脚毛之外,爪的颜色红白部分等长。老年兔爪长而弯曲,露出脚毛之外,爪的颜色白的部分长于红的部分。幼兔、青年兔牙齿洁白短小,排列整齐;老年兔门齿长宽,颜色稍暗,排列不整齐。幼兔、青年兔用手抓时皮肤薄而紧、弹性强;而老年兔用手摸时感觉皮厚而松弛。

3. 公母鉴别 初生仔兔主要观察阴部孔洞形状及与肛门之间的距离，凡阴部生殖孔扁而大与肛门距离较近者为母兔。开眼仔兔、幼兔的阴部呈“O”形者为公兔，呈“V”形者为母兔。青年、成年公兔有阴茎、睾丸，母兔有明显阴门裂、呈尖叶状(图 6)。

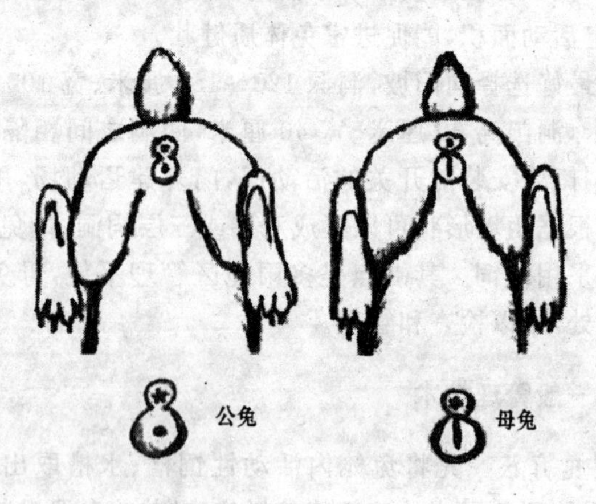

图 6 公、母兔阴部区别

4. 去势 凡不做种用的公兔，可进行去势育肥，公兔去势一般在 10～12 周龄，春季气候干燥，天气温暖之际，有利于术部伤口愈合和兔的生长发育。去势方法主要有以下三种。

(1)手术去势法 先剪短阴囊附近的长毛，使兔子腹部朝上，术者用左手将睾丸从腹股沟管挤入阴囊并用食指和拇指捏紧固定，用碘酊消毒切口处，然后用酒精消毒过的去势刀沿睾丸垂直方向切开皮肤 1 厘米，挤出睾丸，切断精索，再用碘酊棉消毒止血，放入清洁的兔笼中，2～3 天后伤口即可愈合。

(2)结扎法 一般采用普通橡皮筋或丝线结扎睾丸。方法简单易行，不流血。术者先用碘酒消毒阴囊皮肤，然后用左手两指捏住睾丸，用橡皮筋或丝线将两个睾丸连同阴囊一起结扎，阻断睾丸的血液循环，经10天左右睾丸就会枯萎脱落。采用结扎法，有时个别的兔子会发生特有的炎性反应，手术1～2天后，阴囊和睾丸迅速增大7～9倍，但3～5天后，肿胀自行减退，20天左右，睾丸就萎缩成硬块。

(3)化学去势法

①碘酊去势　在睾丸内注射2%～3%碘酊，剂量为：小型兔0.3毫升/只，中型兔0.4毫升/只，大型兔0.5毫升/只。将睾丸挤入阴囊，左手捏住并消毒，右手持针45°角刺入睾丸，慢慢注入碘酊至睾丸发硬为止。

②氯化钙去势　将氯化钙1克溶于10毫升蒸馏水中，加入0.1毫升甲醛溶液，摇匀过滤后装瓶备用，每个睾丸注射1～2毫升。在阴囊纵轴前方消毒，注入氯化钙药液，开始时睾丸出现肿胀，3～5天后自然消失，7～10天萎缩即丧失性欲。

5. 编刺耳号　编号部位多为耳内侧，公兔编号多在左耳，个体号为单数；母兔多在右耳，个体号为双数。家兔耳号编刺一般用针刺法和耳钳编刺法，针刺法适合养兔较少且没有耳号钳的养兔户使用。先在兔耳中间无血管处写上编刺的号码，然后保定兔子，快速用针沿数字扎刺，再抹上食醋墨汁，使墨汁渗入针孔中，数字慢慢变蓝色，永不褪色；耳号钳编刺法专用的兔耳号钳号码由短针排列组成，有10个重复的阿拉伯数码和部分A,B,C等英文字母。使用时，先将要编的号码卡在耳钳上排列好，用酒精或碘酊在兔耳无血管处消毒，然后用耳号钳在需刺部位猛夹一下，松开耳钳，抹上食醋墨汁，并用食指和拇指在耳号上来回搓几下，使墨汁渗入针孔即可。用耳号钳编刺耳号不但方便省时，而且字体美观。

6. 修爪与断齿

(1)修爪　助手将兔捉住仰卧保定,术者左手握住兔脚,仔细观察,右手持剪刀,在脚爪红色部分末端将白色尖爪剪去。无痛感不流血,且不影响兔的行动。

(2)断齿　保定兔子,固定头部,然后一手扒开口腔,另一手持钢丝钳将 2 枚下门齿各剪去 1/2 左右,小心不要剪破嘴唇和皮肤。剪齿后无出血和发炎现象,亦不影响采食。但被剪门齿仍会不断生长,应隔一定时间(一般 5～6 个月)再行修剪即可。

四、肉兔不同生理阶段的饲养管理

(一)种公兔的饲养管理

种公兔的任务是配种和繁育后代,其优劣将直接影响整个兔群的质量,在兔群中具有主导性作用。一方面种公兔直接影响母兔的受胎率和产仔数,另一方面种公兔对其后代的生活力和质量影响极大,只有优秀的种公兔,才能获得大量优质后代。因此,种公兔的基因确定以后,饲养管理将起到决定性的作用。

种公兔的饲养要求是发育良好,体格健壮,不肥不瘦,过肥过瘦都不适宜于配种;性欲旺盛,配种能力强;精液品质要好,与配母兔受胎率高。而精液的质量与种公兔的营养有密切的关系,特别是蛋白质、矿物质、维生素等营养物质,对保证精液品质有着重要作用。

种公兔的饲养管理通常分为配种期饲养管理和非配种期

饲养管理。

1. 非配种期的饲养管理 肉兔的繁殖虽无明显季节性，但有淡、旺季之分，北方地区繁殖多集中在春、秋两季，而夏、冬季配种较少。在非配种期，饲养上也要注意营养的全面性和均匀性，日粮中各种营养物质都不能缺少，特别是蛋白质、维生素和矿物质更为重要。可供给中等水平的饲料，以青绿饲料为主，混合精料为辅。膘情中等为度，不能过胖或过瘦。一般为单笼饲养或小群饲养，保证充足的饮水和运动，笼内应通风、干燥。

2. 配种期的饲养管理 要求饲料日粮营养全面、体积小、适口性好、易于消化吸收，蛋白质含量高，如豆饼、花生饼、麸皮以及豆科饲料如紫云英、苜蓿、苕子等。维生素对精液品质也有显著影响。小公兔的日粮中如维生素含量不足，生殖器官发育不全，睾丸组织退化，性成熟推迟，如能及早补给青草、南瓜、胡萝卜、大麦芽、菜叶等饲料时，可得到纠正。磷为核蛋白形成的要素，亦为制造精液所必需，日粮中有谷粒及糠麸混入时，磷不至于缺乏，但应注意钙的供给量，钙、磷供给量应为1.5～2∶1。精料中如能经常配以2%～3%的骨粉、蛋壳粉或贝壳粉等钙作为补充料，钙、磷就不至于缺乏。对种公兔的饲料除注意营养全面外，还应着眼于营养上的长期性。饲料的变动对于精液品质的影响很缓慢，故对精液品质不佳的种公兔改用优质饲料来提高其精液品质时，要长达20天左右才能见效。因此，对一个时期集中使用的种公兔，应注意在20天前调整日粮比例。在配种期间，也要相应增加饲料用量。如种公兔每日配种2次，在饲料量中需增加30%～50%的精料量。同时，根据配种的强度，适当增加动物性饲料，以改善精液的品质，提高受胎率。用作种公兔的饲料，可因地制宜，就地取材，但要求饲料营养价值高，容易消化，适口性好。注意补加矿物质饲料，每天在精料中加入1～2克食盐和少量蛋壳粉、蚌壳粉等。

3～3.5月龄以后的种用公兔，为防止相互殴斗，可分笼饲养，通常为一笼一兔。公母兔应分开饲养，严防早配乱交。非种用的肉用公兔，要进行去势后肥育。留种用的公母兔，要多运动，公兔笼和母兔笼要保持较远的距离，避免异性刺激，影响公兔性欲。

种公兔配种时，应把母兔捉到公兔笼内，不宜把公兔捉到母兔笼内进行。因为公兔离开了自己所熟悉的环境或者气味，都会使之感到突然，抑制性活动功能，精力不集中，影响配种效果。种公兔配种次数，一般以1日2次为宜，初配的青年公兔每日以1次为宜，配种两日休息1天。如果连续滥配，会使公兔过早地丧失配种能力，减少使用年限。种公兔在换毛期不宜配种。种公兔要有详细的配种记录，以便观察每只公兔所产后代的品质，有利于选种选配；好的种公兔除加强饲养管理外，还应充分利用其种用性能，使之繁殖更多更好的仔兔，不断提高兔群的质量。

（二）种母兔的饲养管理

母兔是兔群的基础，它除了本身生长发育外，还有妊娠、泌乳等，母兔体质的好坏，直接影响到后代，所以母兔饲养管理是保证仔兔数量和质量的前提。种母兔在妊娠、哺乳、空怀三个阶段中的生理状态有着显著的差异。因此，种母兔的饲养管理分为空怀期、妊娠期和哺乳期三个阶段的饲养管理。

1. 空怀期的饲养管理　种母兔的空怀期是指仔兔断奶至再次配种妊娠的一段时期，也叫休养期。这个时期的母兔由于哺乳期消耗了大量养分，身体比较瘦弱，需要多种营养物质来补偿和提高其健康水平。所以在这个时期要给以优质的青饲料，并适当喂给精料，以补给哺乳期中掉膘后复膘所需的一些养分，使它能正常发情排卵，以便适时配种受胎，这个时期的母兔不能养得过肥或过瘦。空怀时期的母兔所用的饲料，各地可因地制宜，就地取材，夏季可多喂青绿饲料，冬季一般给予优质干草、豆渣、块根类饲料，再根据营养需要适当的补充精料，还要保证供给正常生理活动的营养物质。但配种前 15 天应转换成妊娠母兔的营养标准，使其具有更好的健康水平。

2. 妊娠期的饲养管理 妊娠期是指母兔自交配至分娩的这一时期。在妊娠期间，母兔除维持本身生命活动外，还有胚胎、乳腺发育和子宫的增长代谢增强等方面都需要消耗大量的营养物质。妊娠母兔在饲养管理上主要是供给母兔全价营养物质，保证胎儿正常发育；加强护理，防止流产。所以在母兔交配 8 天后要马上进行妊娠检查，若确实已经受胎的要做好下列工作。

(1)加强营养 母兔在妊娠期间特别是妊娠后期能否获得全价的营养物质，对胚胎的正常发育和母体健康以及产后的泌乳能力关系密切。对妊娠母兔在妊娠期间特别是妊娠后期能给予母兔丰富的饲养条件，一般都会母体健康，泌乳力强，所产仔兔发育良好，生活力强；相反则母兔消瘦，泌乳力减少，仔兔生活力差。所以，在妊娠期间应给予营养价值高的饲料。尤其是妊娠后期，饲料的数量和质量对胎儿的生长关系很大，应根据胎儿的发育情况除要逐步增加优质青绿饲料外，也需补充豆饼、花生饼、豆渣、麦麸、骨粉、食盐等含蛋白质、矿物质丰富的饲料，自受胎 15 天后饲料量要相应增加，直至临产前 3 天才减少精料量，每天只喂较少的精料，但要多给青饲料。

（2）做好护理，防止流产　母兔流产，一般多在妊娠后 20 天内发生。母兔流产亦如正常分娩一样，要衔草拉毛营巢，但产出来未形成的胎儿多被母兔吃掉。为了防止流产，不能无故捕捉母兔，特别在妊娠后期要倍加小心。若要捕捉，应该用两只手操作，一手抓颈部，一手托臀部，并保持兔体不受冲击，轻捉轻放。兔笼附近不可大声喧哗，保持安静。到妊娠 15 天后，应单笼饲养。如因条件所限，在妊娠母兔舍内又养有其他各种家兔（哺乳兔、幼兔、生长兔、成年兔）时，在每天喂料时应先喂妊娠母兔，尤其是妊娠后期的母兔。兔笼应干燥，冬季最好喂饮温水，饲料质量要好，忌喂霉烂饲料，要禁止触顶腹部。

（3）做好产前准备工作　集体兔场母兔大多是集中配种，集中分娩。因此，最好将兔笼进行调整。对妊娠已达 25 天的母兔均调整到同一兔舍内，以便于管理；兔笼和产箱要进行消毒，消毒后的兔笼和产箱应用清水冲洗干净，消除异味，以防母兔乱抓或不安。消毒好的产箱即放入笼内，让母兔熟悉环境，便于衔草、拉毛做窝。产房要有专人负责，冬季室内要保温，夏季要防暑、防蚊。

3. 哺乳期的饲养管理　母兔自分娩至仔兔断奶，这段时期为哺乳期。哺乳期的母兔每天可分泌乳汁 60～150 毫升；高产的母兔日泌乳可达 150～250 毫升，甚至高达 300 毫升。乳汁的蛋白质含量为 10.4%，脂肪达 12.2%，乳糖 18%，灰分 2%。哺乳母兔为了维持生命活动和分泌乳汁，每天都要消耗大量的营养物质，而这些营养物质，又必须从饲料中获得。如果喂给的饲料量不足且品质低劣时，就会使哺乳母兔得不到充足营养，从而动用大量的体内贮存。在生产实践中，哺乳母兔也常因营养不足，养分入不敷出、亏损过大而影响母兔的健康和产奶量。因此，哺乳母兔应当增加饲料量。同时，除喂给新鲜的青绿、多汁饲料外，还应补加一些精料和矿物质饲料，如豆饼、麦麸、豆渣以及食盐、骨粉等。另外，在兔奶中水分含量高，要多出奶，还必须供给充足清洁的饮水，以满足哺乳母兔对水分的要求。在管理上，每天要清理兔笼舍，换除肮脏垫草，每周应消毒兔笼，更换垫草，饲喂用具每次喂料都要洗刷干净，以保持其清洁卫生；另外，要经常检查母兔的泌乳情况，对母兔的乳房、乳头也要经常检查，如发现乳房有硬块、乳头红肿，要及时治疗。

（三）仔兔的饲养管理

仔兔是指从出生至断奶的时期。这一时期是兔由胎生期转至独立生活的一个过渡阶段。胎生期的兔子在母体子宫内发育，营养由母体供给，温度恒定；出生后，环境发生急剧变化，而这一阶段的仔兔由于机体生长发育尚未完全，抵抗外界的环境的调节功能还很差，适应能力弱，抵抗力差。初生仔兔的体重一般在45～65克，在正常发育情况下，生后1周的仔兔体重比初生体重增加1倍。仔兔饲养管理，依其生长发育特点可分睡眠期、开眼期、断奶期三个阶段。

1. 睡眠期的饲养管理　仔兔出生后至开眼的时间称为睡眠期。在这个时期内饲养管理的重点是早吃奶，吃足奶。幼兔出生前尽管可以通过母体胎盘获得一部分免疫抗体，但是从母乳中增加免疫球蛋白含量仍然是很重要的。另外，由于兔奶营养丰富，又是仔兔初生时生长发育的直接来源，所以应保证初生仔兔早吃奶、吃足奶。在仔兔出生后6～10小时内，须检查母兔哺乳情况，发现没有吃到奶的仔兔，要及时让母兔喂奶。以后，每天均须检查几次，检查仔兔是否吃到足量的奶，是仔兔饲养上的基本工作。

仔兔吃饱奶时，安睡不动，腹部圆胀，肤色红润，被毛光亮；饥饿时，仔兔在窝内很不安静，到处乱爬，皮肤皱缩，腹部不胀大，肤色发暗，被毛枯燥无光，如用手触摸，仔兔头向上窜，“吱吱”嘶叫。仔兔在睡眠期，除吃奶外，全部时间都是睡觉。仔兔的代谢很旺盛，吃下的奶汁大部分被消化吸收，很少有粪便排出来。因此，睡眠期的仔兔只要能吃饱奶、睡好，就能正常生长发育。

(1)强制哺乳　有些护仔性不强的母兔采用强制哺乳，特别是初产母兔，产仔后不会照顾自己的仔兔，不给仔兔哺乳，以致仔兔缺奶挨饿，如不及时处理，会导致仔兔死亡。强制哺乳是将母兔固定在巢箱内，使其保持安静，将仔兔分别安放在母兔的每个乳头旁，嘴顶母兔乳头，让其自由吮乳，每日强制4～5次，连续3～5天，母兔便会自动喂乳。

(2)调整哺乳　同时分娩或分娩时间先后不超过1～2天的仔兔进行调整，先将仔兔从巢箱内拿出，按体格大小、体质强弱分窝；然后在仔兔身上抹上被带母兔的尿液，以防母兔咬伤或咬死；最后把仔兔放进各自的巢箱内，并注意母兔哺乳情况，防止意外事情发生。调整仔兔时，必须注意两个母兔和它们的仔兔都是健康的；被调仔兔的日龄和发育与其母兔的仔兔大致相同；要将被调仔兔身上粘上的巢箱内的兔毛剔除干净；在调整前先将母兔离巢，被调仔兔放进哺乳母兔巢内，经1～2小时，使其沾带新巢气味后才将母兔送回原笼巢内。如若母兔拒哺调入仔兔，则应查明原因，采取新的措施，如重调其他母兔或补涂母兔尿液，减少或除掉被调仔兔身上的异味等。

(3)全窝寄养　一般是在仔兔出生后，母兔死亡，或者良种母兔要求频繁配种，扩大兔群时所采取的措施。寄养时应选择产仔少、乳汁多而又是同时分娩或分娩时间相近的母兔。为防止寄养母兔咬异味仔兔，在寄养前，可在被寄养的仔兔身上，涂上寄养母兔的尿，在寄养母兔喂奶时放入窝内。一般采取上述措施后，母兔不再咬异窝仔兔。

(4)人工哺乳　如果仔兔出生后母兔死亡、无奶或患有乳房方面的疾病不能喂奶，又不能及时找到寄养母兔时，可以采用人工哺乳的措施。人工哺乳的工具可用玻璃滴管、注射器、塑料眼药水瓶，在管端接一乳胶自行车气门芯即可。喂饲以前要煮沸消毒，冷却至 37℃～38℃时喂给。每日 1～2 次。喂饲时要耐心，在仔兔吸吮的同时轻压橡胶乳头或塑料瓶体。但不要滴入太急，以免误入气管呛死；也不要滴得过多，以吃饱为限。

(5)防止“吊乳”　“吊乳”是养兔生产实践中常见的现象之一。主要原因是母兔乳汁少，不够仔兔吃，仔兔较长时间吸住母兔的乳头，母兔离巢时将正在哺乳的仔兔带出巢外；或者母兔哺乳时，受到骚扰，引起惊慌，突然离巢。吊乳出巢的仔兔，容易受冻或踩死，所以饲养管理上要特加小心，当发现有吊乳出巢的仔兔应马上将仔兔送回巢内，并查明原因，及时采取措施。如是母兔乳汁不足引起的“吊乳”，应调整母兔日粮，适当增加饲料量，多喂青料和多汁料，补以营养价值高的精料，以促进母兔分泌出质好量多的乳汁，满足仔兔的需要。

2. 开眼期的饲养管理　仔兔生后 12 天左右开眼，从开眼至断奶，这一段时间称为开眼期。仔兔开眼迟早与发育很有关系，发育良好的开眼早。仔兔若在生后 14 天才开眼的，体质往往很差，容易生病，要对它加强护养。仔兔开眼后，精神振奋，会在巢箱内往返蹦跳；数日后跳出巢箱，叫做出巢。出巢的迟早，依母乳多少而定，母乳少的早出巢，母乳多的迟出巢。此时，由于仔兔体重日渐增加，母兔的乳汁已不能满足仔兔的需要，常紧追母兔吸吮乳汁，所以开眼期又称追乳期。这个时期的仔兔要经历一个从吃奶转变到吃固体饲料的变化过程，由于仔兔胃的发育不完全，如果转变太突然，常常造成死亡。所以在这段时期，饲养重点应放在仔兔的补料和断奶上。

抓好、抓紧仔兔的补料和断奶，就可促进仔兔健康生长，放松了这项工作，就会导致仔兔感染疾病，乃至大批死亡，造成损失。肉兔生后 16 天起就开始试吃饲料，这时给少量易消化而又富有营养的饲料，并在饲料中拌入少量的矿物质、抗生素等消炎、杀菌、健胃药物，以增强体质，减少疾病。

仔兔胃小，消化力弱，但生长发育快，根据这些特点，在喂料时要少喂多餐，均匀饲喂，逐渐增加。一般每日喂给 5～6 次，每次喂量要少一些。在开食初期哺母乳为主，饲料为辅；到 30 日龄时，则转变为以饲料为主，母乳为辅，直到断奶。在这一过渡期间，要特别注意缓慢转变的原则，使仔兔逐步适应，才能获得良好的效果。

3. 断奶期的饲养管理 仔兔断奶时间通常在 30～45 天。过早断奶，仔兔的肠胃等消化系统的功能还不够健全，对饲料的消化能力差，生长发育会受影响。在不采取特殊措施的情况下，断奶越早，仔兔的死亡率越高。但断奶过迟，仔兔长时间依赖母兔营养，消化道中各种消化酶的形成缓慢，也会引起仔兔生长缓慢，对母兔的健康和每年繁殖次数也有直接影响。

仔兔断奶时，要根据全窝仔兔体质强弱而定。若全窝仔兔生长发育均匀，体质强壮，可采用一次断奶法，即在同一天将母仔分开饲养。离乳母兔在断奶2～3天内，只喂青料，停喂精料，使其停奶。如果全窝体质强弱不一，生长发育不均匀，可采用分期断奶法。即先将体质强的分开，体弱者继续哺乳，经数日后，视情况再行断奶。如果条件允许，可采取移走母兔的办法断奶，避免环境骤变，对仔兔不利。在仔兔开食时，往往会误食母兔的粪便，如果母兔有球虫病，就易于感染仔兔。为了保证仔兔健康，应母仔分笼饲养，但必须每隔12小时给仔兔喂1次奶。仔兔开食后，粪便增多，要常换垫草，并洗净或更换巢箱。否则，仔兔睡在湿巢内，对健康不利。要经常检查仔兔的健康情况，察看仔兔耳色，如耳色桃红，表明营养良好；如耳色暗淡，说明营养不良。仔兔在断奶前要做好充分准备，如断奶仔兔所需用的兔舍、食具、用具等应事先进行洗刷与消毒。断奶仔兔的日粮要配合好。

(四)幼兔的饲养管理

从断奶至3月龄的小兔称幼兔。这个阶段的幼兔生长发育快，抗病力差，要特别注意护理。否则，发育不良，易患病死亡。断奶仔兔必须养在温暖、清洁、干燥的地方，以笼养为佳。笼养初期时，每笼可养兔3～4只。饲喂由麦麸、豆饼等配合成的精料及优质干草为宜。因为兔奶中的蛋白质、脂肪分别占10.4%和12.2%，高于牛奶3倍，所以用喂大兔的饲料是很难养活幼兔的。所喂饲料要清洁新鲜，带泥的青草，要洗净晾干后再喂。喂时要掌握少喂多餐，青料一日3次，精料一日2次。此外，可加喂一些矿物质饲料。

五、肉兔的四季饲养管理

肉兔的生长发育与外界环境条件紧密相连，不同的环境条件对家兔的影响是不同的。而在我国的自然条件下，不论在气温、雨量、湿度还是饲料的品种、数量、品质都有着显著的地区性和季节性的特点。因此，四季养兔就应根据家兔的习性，生理特点和季节、地区特点，酌情采取科学的饲养方法，才能确保家兔健康，促进养兔业的发展。

（一）春季的饲养管理

春季是冷暖交替之际，多阴雨，湿度大，细菌开始繁殖，对养兔是最不利的季节，兔病多，死亡率在全年为最高（尤其是幼兔）。因此，要特别注意做好春季的饲养管理。

1. 饲养　这时虽然野草逐渐萌芽生长，但草内水分含量多，干物质含量相对减少，容易霉烂变质。而家兔经过一个冬季的饲养，身体比较瘦弱，又处于换毛时期。因此，春季在饲养管理上应注意防湿、防病。阴雨高湿天气要少喂高水分饲料，适当增喂干粗饲料，雨后收割的青饲料要晾干后再喂。饲料中最好拌入少量大蒜、洋葱、韭菜等杀菌性饲料，以增强家兔抗病力。

2. 卫生　春季对病菌繁殖极为有利，所以一定要搞好笼舍的清洁卫生，做到笼舍清洁干燥，要勤打扫、勤清理、勤洗刷、勤消毒，做到舍内无臭味，无积粪污物，饲槽、笼底板、产箱要常洗刷，常消毒，室内笼饲的兔舍要求通风良好，地面湿度较大时，可撒上草木灰或生石灰进行消毒、杀菌和防潮。

3. 检查　春季是家兔发病率最高的季节，尤其是球虫病的危害最大。每天要检查兔群健康情况，发现问题及时处理。对食欲不好、腹部膨胀、腹泻、弓背的兔要及时隔离治疗，在北方的春季，温度适宜，雨量较少，多风干燥，阳光充足，比较适于家兔生长、繁殖，是饲养家兔的好季节。

（二）夏季的饲养管理

夏季的气候特点是高温多湿，家兔汗腺不发达，常因炎热而食欲减退，抗病力降低，尤其对仔、幼兔的威胁很大。因此，在饲养管理上应注意防暑降温和精心饲养。

1. 防暑 夏季兔舍应做到阴凉通风，不让太阳光直接照射到兔笼上，笼内温度超过 30℃时，可采用地面泼凉水降温；露天兔场要及时搭好凉棚，及早种植瓜类、葡萄等攀缘植物遮荫。室内笼养的兔舍要大开窗门，让其空气对流。

2. 饲养 夏季中午炎热，影响家兔食欲。因此，早餐要提早喂，晚餐要推迟喂，还要注意多喂青饲料，供给充足饮水，并在饮水中加入 2%的食盐，以补充体内盐分的消耗。饲料中亦可适当加入一些预防球虫的药，如氯苯胍、苯乙腈等。

3. 卫生 夏季因蚊蝇多，病菌容易繁殖，一定要搞好清洁卫生工作，饲槽及饮水器每天必须洗涤 1 次；笼舍要勤打扫、勤消毒；地面要用消毒药水喷洒，搞好环境卫生，消灭蚊、蝇孳生地；饲料要防止发霉变质；要特别注意防治球虫病。

（三）秋季的饲养管理

秋季气候干燥，饲料充足，营养丰富，是饲养家兔的最佳季节，应加强饲养管理，做好肉兔的繁殖。

1. 繁殖 秋季家兔繁殖较困难、配种受胎率低、产仔数少，但气候温和，饲料较丰富，仔兔发育良好，体质健壮，成活率高。

2. 饲养 成年兔在秋季正值换毛期，换毛期的家兔体质虚弱，食欲较差。因此，应多喂青绿饲料，并适当喂些富含蛋白质的饲料。

3. 管理 秋季早晚与午间温差大，幼兔容易患感冒、肠炎、肺炎等疾病。因此，必须细心管理，群养兔每天傍晚应赶回室内，遇大风或降雨天气不能让其露天活动。

(四)冬季的饲养管理

冬季气温低，天气冷，日照短，缺乏新鲜青绿饲料。因此，必须加强饲养管理，尤其注意防寒保温。

1. 防寒 冬季兔舍中的温度应经常注意保持平衡，切忌忽冷忽热。室内笼养兔要关好门窗，严防贼风侵袭。室外笼养兔，笼门应挂好草帘，防止寒风侵入，笼底可垫草或用其他材料进行保温。白天应让家兔多晒太阳，夜间严防贼风侵入。

2. 饲养 冬季因气温低，兔维持体温的热量消耗多，不论大、小兔，日粮的给量，要比其他季节增加1/3，特别要多喂一些含能量高的精饲料。同时要注意饮水，在低温下以饮温水为宜。冬季青饲料少，易发生维生素缺乏症，应设法每天喂一些青绿饲料或菜叶、胡萝卜，以补充维生素。

3. 管理 冬季应在兔笼内放入少量干草，以备夜间栖宿。白天应选择风和日丽的天气，将兔子放到运动场活动，但必须在每只兔有耳号的情况下进行。对仔兔巢箱要加强管理，勤清理，勤换垫草，做到清洁、干燥、卫生。

六、肉兔的肥育

(一)肥育兔的来源

肥育兔的来源主要以肉用品种的幼兔为主，兼用品种和杂种一代也可肥育，专门化品系杂交后代肥育效果最好，在生产中，要根据饲养水平和技术条件，选用适合品种进行肥育。通常用于肥育的兔一种是专供肥育的幼兔，另一种是淘汰种兔。

用于肥育的幼兔可以是纯种肉兔或兼用种的后代，也可以是杂种一代兔，最好采用专门化品系杂交后代供肥育。

用于肥育的淘汰种兔，包括配种前淘汰的青年后备母兔和失去配种能力或配种能力下降的老龄种兔。

(二)肥育方法

肥育主要是设法让兔体内的营养积蓄，尽可能地减少体内营养消耗。

1. 幼兔的肥育　指仔兔断奶后开始催肥，在 2.5～3 月龄时体重达到 2～2.5 千克时出售。常用的肥育方法有快速肥育法和阶段肥育法。

(1)快速肥育法　此法是采用高营养的全价颗粒饲料进行快速的肥育，多采用自由采食，充足的饮水，高密度笼养，每平方米达到 18 只左右，全黑暗或弱光肥育，湿度控制在 60％～65％，温度控制在 15℃～25℃，从仔兔断奶开始，肥育 70～80 天出栏，体重达到 2～2.5 千克，日增重 45 克左右，饲料报酬为 3∶1，全进全出，年周转 4.5 次。

(2)阶段肥育法　先以精料为主，青饲料为辅，拉大肉兔的躯架；再以青饲料为主，精料为辅，加大采食量；后期再以精料为主，青饲料为辅，实施短期催肥。日粮以玉米、大麦、麦麸、豌豆、红薯、碎米等为主，饲料粗蛋白质含量以17%为宜，采用自由采食或勤添少喂的饲喂方式，每日可喂4次，饮水采取自动饮水器或自流瓶式为宜。催肥期间，兔舍内光线要暗，并减少兔的运动量。

2. 淘汰种兔的肥育　对配种前淘汰的青年后备母兔和淘汰的种兔，经过1个月左右的短期肥育，体重增加1千克以上后进行屠宰出售。淘汰种兔视膘情决定是否肥育，对膘肥的淘汰种兔，可停止繁殖，饲养一段时间即直接上市；膘情过差的也不必再肥育，因催肥时间较长，饲料消耗较多，经济效益不高，可直接上市或用作毛皮动物的饲料；膘情适度的快速肥育后再上市。

（三）肥育兔的管理

1. 温度与光照　最适温度为15℃～25℃，超过这个范围即影响肥育效果。全黑暗或弱光肥育，每日光照时间不超过10小时。

2. 定时定量　每天早晨、中午、下午和晚上饲喂的时间必须固定。每天的饲料喂量根据兔子体重来核定标准，适当增减，每日必须一致。

3. 定人定位　饲养员一般不能随便调换，若更换新人员必须带原饲养员工作帽、穿原饲养员工作服。饲槽不能经常挪动，若清洗后应放回原处，保持饲槽原有位置。

4. 防疫消毒　每日清扫笼舍，打扫地面，笼具有剩草或剩料应及时清除，保持卫生、干净；每周日定为消毒日，对兔与兔舍用百毒杀 1 000 倍液喷雾消毒，半个月全场大消毒。抗毒威 400 倍液或用 2% 甲醛液进行场内外消毒。注意笼舍通风、干燥，减少疾病发生。

5. 保持安静 饲养场应建造在偏僻地带，离工厂、公路 500 米以外，离集镇、学校 200 米以外。饲养人员进入饲养间禁止大声喧哗，打闹嬉笑。非饲养员严禁入内；更不能有其他畜禽进入饲养间，保持肉兔安静休息。

6. 适时出栏 肉兔从出生至 10 周龄，随着年龄的增长，体重呈直线上升；之后，生长速度显著变慢。超过 10 周龄，饲料利用率明显下降。出栏上市时，饲养期不超过 13 周龄，体重不低于 2.5 千克。

七、肉兔标准化生产的环境控制

现代养兔生产，已把改善环境作为提高兔生产力与养兔经济效益的重要手段之一。人工控制兔舍环境，模拟和创造肉兔最佳环境条件，就可以实现兔业长年均衡生产，提高养兔经济效益。影响肉兔舍环境的因素很多，诸如温度、湿度、通风、光照、噪声、灰尘及绿化等，下面分别就八方面阐述肉兔对环境的要求和相应控制措施。

(一)温度及其控制

1. 肉兔对环境温度的要求 肉兔对环境温度的要求因年龄、生理阶段不同而异，初生仔兔的适宜温度为 30℃～32℃，主要靠兔窝温度保持，兔舍温度不能低于 10℃，也不能高于 25℃。1～4 周龄仔兔为 20℃～30℃；幼兔、青年兔及成年兔为 15℃～25℃，最佳温度为 18℃，临界温度为 5℃～

30℃。值得指出的是,兔舍内的实际温度在上述范围内有所升降,比持续稳定为好,因为适度范围的变温有利于刺激各系统功能活动加强,增进健康和提高生产力。

2. 兔舍温度控制措施 兔舍应建在通风良好和干燥的地方,切忌建在窝风和低洼潮湿之处。根据当地气候特点,选择开放、半开放或全封闭式室内笼养兔舍,同时注意建兔舍用的保温隔热材料的选择。例如,石棉瓦的保温隔热性能差,在寒冷或热带地区都不能使用。兔舍温度控制要重点搞好冬季保温和夏季降温。

(1)*冬季注意防寒保温* 寒冷地区可采取塑料大棚覆盖或生火炉(注意要安装排烟筒),有条件可安装暖气。也可通过红外线炉、保温伞、散热板等方法提高局部温度。适当提高舍(笼)内饲养密度也可提高舍温。兔舍内不同位置的温度有差别,一般靠近屋顶附近比地面温度高;兔舍中央比靠近门窗与墙壁处温度高。所以,冬季应将月龄小、体质弱的兔子安置在上笼,初生仔兔放于兔舍中央。

(2)*夏季注意防暑降温* 舍旁植树或种攀缘植物(丝瓜等),舍外地面绿化。加大兔舍通风面积(窗),面积越大,通风量越大,越有利于降温;但面积过大,又会引进大量辐射热,以及使兔舍光线太强。设置地脚窗通风,使舍内气流在靠近地面通过,有利于降温。兔舍内可安装电风扇或排风设备。让兔多饮冷水。日粮中添加维生素 C 200 毫克/千克,可减少热应激。降低饲养密度。高温季节可在兔舍地面适当洒水,但不宜直接在兔体上喷雾降温,因兔毛有吸湿性。有条件的在公兔舍应装空调机降温,有利改善公兔的繁殖功能。

(二)湿度及其控制

1. 肉兔对湿度的要求 肉兔舍内适宜的相对湿度为60%～65%,一般不低于50%或高于70%。

2. 兔舍湿度控制措施

(1)保持排水排污畅通 经常疏通排水管道、排水沟、排尿沟,增加粪尿清除次数,粪尿沟常撒些吸附剂如石灰、草木灰等,均可降低舍内湿度。

(2)冬季应注意兔舍保温和供暖 冬季要使舍内温度保持在露点温度以上,防止水气凝结,可缓解高湿的不良影响。

(3)通风换气 将多余湿气排出舍外的有效途径是加强通风。

(三)通风及其控制

1. 肉兔对通风的要求 建筑良好、合理的兔舍中,气流速度(即通风)不会急剧,气流很少达到0.3米/秒。冬季笼架附近的气流速度以0.1～0.2米/秒,最高风速不应超过0.25米/秒为宜。值得注意的是,往往人们感觉不到的气流,如垂直地吹向兔体时,会引起皮温下降,对兔产生危害,特别是贼风危害更大,要注意防止。

2. 兔舍通风方法

(1)自然通风 简便经济,主要依靠有活门装置的、又能加以调节的屋顶排气孔和进气孔来进行的,舍内空气受热后通过屋顶的排气孔逸出。为了使兔舍内各部位空气排除通畅,兔舍不应过宽,理想宽度为8米,最大宽度不得超过12米。屋顶的坡度不应小于25%～30%。排气孔的面积为地面面积的2%～3%,并有活门装置,以调节排气量。进气孔的面积为地面面积的3%～5%，进气孔应设置在两侧墙相对称的地方。在寒冷地区进气孔的位置要高些，在气候炎热地区则可放低一些，进气孔需要配置活门及挡风装置，为防止蚊蝇进入兔舍，需安装铁纱。在每平方米兔舍面积上载荷量不超过20～30千克兔体重量时，使用上述的自然通风，可达到每千克活重4米³/小时的通风量。

(2)动力通风　适用于大规模集约化兔场。动力通风是由通风机造成的压力差而进行的，分为负压通风和正压通风(或称高压通风)两种。负压通风是指抽出兔舍内的空气，此法空气流通速度不强烈，成本较低，能使有害气体得以排除；排气扇可安装在兔舍北墙下部，距地面50～100厘米处，进气孔设在南墙上部。正压通风是用鼓风机将新鲜空气吹入舍内，舍内废气在高压下经排气孔逸出；鼓风机可安装在兔舍南墙上部，排气孔放在北墙下部；如果屋顶设排气孔，则鼓风机可安装在南墙下部。正压通风每平方米兔舍面积通气量为1米³/秒，此法可在鼓风机上安装空气加热器，以便使进入的空气加热；还可安装铁纱等过滤装置，防止蚊蝇进入。目前，兔舍的换气量一般要求每千克活重为2～3米³/小时即可。夏季炎热时应为3～4米³/小时，结合洒水，可使兔舍内的温度比外界低3℃～4℃；冬季寒冷时，为保持舍温，换气量可降至1～2米³/小时。兔对空气流速非常敏感，兔周围空气流速不应超过0.5米/秒，冬季寒冷时不应超过0.2米/秒。据测定，位于没有挡风设备的鼓风机旁的肥育兔，较位于同舍另一侧兔的日增重低3～4克。因此，兔舍各部位的空气流速应该均匀。

(四)光照及其控制

1. 肉兔对光照的要求　肉兔是夜行性动物，不需要强烈光照，且光照时间也不宜过长。结合国内外研究资料，肉兔的最佳光照时间为：种公兔 12 小时，繁殖母兔 14 小时，肥育商品兔 8 小时。

2. 兔舍光照控制 包括光照时间长短和光照强度两项内容。一般养兔多采用自然光照，兔舍窗、门的采光面积占地面面积的 15%，入射角应为 20°～30°。冬季日照短时，仅靠自然光照不能满足肉兔(特别是繁殖种兔)的需要，要用人工光照来补充。补充人工光照，每平方米兔舍面积安装 10～25 瓦白炽灯泡或日光灯，光照强度为每平方米兔舍面积 61.5～153.9 勒。进行人工光照时要强度均匀，同时要注意光源与家兔的距离。按物理学原理，受照射部位的光照强度，同它与光源的距离的平方成反比。所以，随着距离的增大，光照强度减弱。三层笼兔舍当光源在上方时，上层的光照最强，中层次之，下层最差，在设置光源时，应以下层的光源强度为标准。此外，在人工光照时最好设置可调变压器，使电灯在开关时有渐明渐暗的过程，以使肉兔适应。

(五)噪声及其控制

1. 噪声对肉兔的影响 家兔胆小怕惊，任何噪声对兔都是有害的。据试验，突然的噪声可导致妊娠母兔流产，哺乳母兔拒绝哺乳，甚至残食仔兔等严重后果。肉兔如遇突然的噪声就会惊慌失措，乱蹦乱跳，蹬足嘶叫，导致食欲不振甚至死亡等。

2. 噪声的来源与控制

(1)噪声的来源 噪声的来源主要有三方面：一是外界传入的声音；二是舍内机械、操作产生的声音；三是肉兔自身产生的采食、走动和争斗声音。

(2)对噪声的控制措施　①修建兔场时,场址一定要选在远离铁路、公路、车站、码头、工矿企业及繁华闹市等声音嘈杂的地方;②兔舍附近不要安装机器或停放拖拉机等;③禁止在兔舍附近燃放鞭炮;④饲料加工车间应远离养兔生产区;⑤选购通风机及换气扇时不要噪声太大的;⑥日常饲养人员操作时,动作要轻,不要发出刺耳或突然的响声。

(六)有害气体及其控制

1. 兔舍内有害气体允许浓度含量标准　硫化氢<10毫克/米^3,氨<15毫克/米^3,二氧化碳<1 500毫克/米^3。

2. 控制兔舍内有害气体的措施　粪尿是有害气体的主要来源,及时清除兔舍中的粪便是控制舍内有害气体的根本途径。同时,注意通风换气,以保证兔舍内良好的空气环境。

(七)尘埃及其控制

空气中的尘埃主要有风吹起的干燥尘土和饲养管理工作中产生的大量灰尘,如打扫地面、翻动垫草、分发干草和饲料等。灰尘对肉兔的健康有着直接影响。尘埃降落到兔体体表,可与皮脂腺分泌物、兔毛、皮屑等黏混一起而妨碍皮肤的正常代谢;尘埃吸入体内还可引起呼吸道疾病,如肺炎、支气管炎等;尘埃还可吸附空气中的水气、有毒气体和有害微生物,产生各种变态反应,甚至感染多种传染性疾病。

为了减少兔舍空气中的灰尘含量,应注意饲养管理的操作程序,最好改粉料为颗料饲料,保证兔舍通风性能良好。兔舍内的灰尘除由大气带进一部分主要是由饲养管理操作引起的,如打扫地面、分发饲料。所以,打扫笼舍及分发饲料等操作应尽量轻巧,避免尘土。同时,注意兔舍通风换气,减少尘埃的危害。

(八)绿　化

绿化具有明显的调温调湿、净化空气、防风防沙和美化环境等重要作用。特别是阔叶树,夏天能遮荫,冬天可挡风,具有改善兔舍小气候的重要作用。根据生产实践,绿化工作搞得好的兔场,夏季可降温 3℃～5℃,相对湿度可提高 20%～30%。种植草地可使空气中的灰尘含量减少 5%左右。因此,兔场四周应尽可能种植防护林带,场内也应大量植树,一切空地均应种植作物、牧草或绿化草地。

八、肉兔标准化生产的场址选择与布局

(一)场址选择

1. 地势　兔场场址应选在地势高、有适当坡度、背风向阳、地下水位低、排水良好的地方。地势高燥,地下水位 2 米以下;背风向阳,避开产生空气涡流的山坳和谷地;地面平坦或稍有坡度(坡度 1°～3°);地形开阔、整齐和紧凑,不过于狭长和边角过多;可利用自然地形地物如林带、山岭、河川、沟河等作为场界和天然屏障。1 只基础母兔及其仔兔按 1.5～2 米^2 建筑面积计算,1 只基础母兔规划占地 8～10 米^2。

2. 土质　兔场用地要求土壤渗水性较强,导热性能小,既能保持干燥的环境,又有良好的保温性能。所以,最好是砂壤土。不宜在含有机质多的土壤上建兔舍,更不能在黄土、黏土上建兔舍。因为有机质不断分解产生有害气体,如氨气等,会污染空气、水源及土壤,对肉兔健康不利;黏土透水性差,

遇雨泥泞，冬季水分冻结，土壤体积膨胀，影响建筑物的使用年限。

3. 水源及水质 一般兔场的需水量比较大，如肉兔饮水、兔舍笼具清洁卫生用水、种植饲料作物用水以及日常生活用水等，必须要有足够的水源。同时，水质状况如何，将直接影响家兔和人员的健康。因此，水源及水质应作为兔场场址选择优先考虑的一个重要因素。水量不足将直接限制家兔生产；而水质差，达不到应有的卫生标准，同样也是家兔生产的一大隐患。生产和生活用水应清洁无异味，不含过多的杂质、细菌和寄生虫，不含腐败有毒物质，矿物质含量不应过多或不足。较理想的水源是自来水和卫生达标的深井水；江河湖泊中的流动活水，只要未受生活污水及工业废水的污染，稍作净化和消毒处理，也可作为生产生活用水。

4. 交通及周围环境 种兔场建在居民区之外，保持 500 米以上距离，风向处于居民区的下风头，地势低于居民区，避开居民污水排出口，远离化工厂、屠宰场、制革厂、牲畜市场等容易造成环境污染的地方，且避开其下风处。交通便利，距重要道路 300 米以上（如设隔墙或天然屏障，距离可缩短至 100 米），距一般道路 100 米以上。保障电力供应，靠近输电线路，同时自备电源。

（二）规划布局

兔场建筑设施必须明确分为生产区、管理区和隔离区，各区之间界限明显，联系方便。管理区占全场的上风和地势较高的地段，依次为生产区，隔离区建在下风和地势较低处。

生产区包括各种类型的兔舍和有关生产辅助设施；管理区包括工作人员的生活设施、办公设施及生产辅助设施（饲料间、车库和防疫消毒设施等）；隔离区包括兽医室、病死兔处理间和粪尿处理设施。

各个功能区之间的间距大于50米，并用防疫隔离带或墙隔开。

种兔场与外界需有专用道路连通，场内主干道宽5.5～6米，支干道宽2～3米。场内道路分净道和污道，净道不能与污道通用或交叉，隔离区必须有单独的道路。道路应坚实，排水良好。

九、肉兔标准化生产的兔舍建筑与常用设备

标准化兔舍设施要有利于卫生防疫，满足粪污减量化、无害化处理的技术要求和环保要求，有利于节水、节能，有利于提高劳动生产率。设备要外观整齐、便于清洗消毒，使用安全卫生，有利于舍内环境控制，便于观察和管理兔群。有条件的宜采用计算机辅助管理、现代化通讯及自动监测等技术和配套设备。种兔场采用笼养的饲养方式，设置种兔舍、仔兔哺育舍和幼兔（育成）兔舍。种兔舍和幼兔（育成兔）舍采用自动饮水装置，人工上料，饲槽喂料，设置或不设置草架，采用人工或机械清粪。

（一）兔舍建筑

1. 兔舍建筑的目的　兔舍是搞好肉兔生产的重要基础条件，因而对兔舍建筑的目的必须非常明确。一是从家兔的生物学特性出发，满足家兔的环境要求，以保证家兔健康地生长和繁殖，有效地提高其产品的数量和质量；二是有利于饲养人员日常饲养管理、防疫灭病等方面的操作，从而提高劳动

生产效率。兔舍建筑最终是通过上述两方面的结合，为提高养兔的经济效益而创造必要的基础条件。简单地说，兔舍建筑的目的就是促使养兔生产实现高产、优质、高效。

2. 兔舍设计和建筑原则

(1)最大限度地适应家兔的生物学特性　兔舍设计必须首先“以兔为本”，充分考虑家兔的生物学特性(尤其是生活习性)。家兔喜欢干燥，在场址选择时就应考虑；家兔怕热耐寒，在确定兔舍朝向、结构及设计通风设施时就要注重防暑；家兔喜啃硬物(啮齿行为)，建造兔舍时，在笼门边框、产仔箱边缘等处，凡是能被家兔啃咬到的地方，都要采取必要的加固措施或选用合适的、耐啃咬的材料。

(2)有利于提高劳动生产效率　兔舍既是家兔的生活环境，又是饲养人员对家兔日常管理和操作的工作环境。兔舍设计不合理，一方面会加大饲养人员的劳动强度，另一方面也会影响饲养人员的工作情绪，最终会影响劳动生产效率。因此，兔舍设计与建筑要便于饲养人员的日常管理和操作。这一点非常重要。举例来说，假如将多层式兔笼设计得过高或层数过多，对饲养人员来说，顶层操作肯定比较困难，既费时间，又给日常观察兔群状况带来不方便，势必影响工作效率和质量。

(3)满足肉兔生产流程的需要　肉兔的生产流程是由肉兔的生产特点所决定的。生产肉兔的商品兔场，需要设计建造种兔舍、肥育兔舍等。各种类型兔舍、兔笼的结构要合理，数量要配套。

(4)综合考虑多种因素，力求经济实用，科学合理　兔舍设计除了“以兔为本”，兼顾工作环境外，还必须考虑饲养规模、饲养目的、家兔品种、饲养水平、生产方式、卫生防疫、地理条件及经济承受能力等多种因素，因地制宜，全面权衡，不要忽视有关因素，一味追求兔舍建筑的现代化，要讲究实效，注重整体的合理、协调，努力提高兔舍建筑的投入产出比。同时，兔舍设计还应结合生产经营者的发展规划和设想，为以后的长期发展留有余地。

3. 兔舍设计与建筑的一般要求 兔舍既是家兔的生活空间，又是生产车间。对兔舍设计与建筑，既有建筑学方面的技术要求，又有家兔生物学方面的专业要求。这里主要从养兔的专业角度介绍兔舍设计与建筑的一般要求。

其一，兔舍设计应符合家兔生活习性，有利于生长发育及生产性能的提高；便于饲养管理和提高工作效率；有利于清洁卫生，防止疫病传播。

其二，兔舍形式、结构、内部布置必须符合肉兔的饲养管理和卫生防疫要求，也必须与不同的地理条件相适应。

其三，兔舍建筑材料，特别是兔笼材料要坚固耐用，防止被兔啃咬损坏；在建筑上应有防止家兔打洞逃跑的措施。

其四，家兔胆小怕惊，抗兽害能力差，怕热，怕潮湿。因此，在建筑上要有相应的防雨、防潮、防暑降温、防兽害及防严寒等措施。

其五，兔舍地面要求平整、坚实，能防潮，舍内地面要高于舍外地面20～25厘米，舍内走道两侧要有坡面，以免水及尿液滞留在走道上；室内墙壁、水泥预制板、兔笼的内壁、承粪板的承粪面要求平整光滑，易于消除污垢，易于清洗消毒。

其六，兔舍窗户的采光面积为地面面积的15%，阳光的入射角度不低于25°～30°。兔舍门要求结实、保温、防鼠害，门的大小以方便饲料车和清粪车的出入为宜。

其七，兔舍内要设置排水系统。粪尿沟要有一定坡度，以便在打扫和用水冲刷时能将粪尿顺利排出舍外，通往蓄粪池，也便于尿液随时排出舍外，从而降低舍内湿度和有害气体浓度。

其八，为了防疫和消毒，在兔场和兔舍入口处应设置消毒池或消毒盘，并且要方便更换消毒液。

其九，保证舍内通风。我国南方炎热地区多采用自然通风，北方寒冷地区在冬季采用机械强制通风。自然通风适用于小规模养兔场。机械通风适用于集约化程度较高的大型养兔场。

4. 兔舍建筑形式 我国地域辽阔，各地气候条件不同，经济基础各异，兔舍建筑形式也各不相同。采用何种兔舍建筑形式和结构，主要取决于饲养目的、饲养方式、饲养规模及经济承受能力等。小规模副业性质的养兔，宜采用简单的兔舍建筑形式，可利用旧棚舍或闲置的房屋进行散养或圈养；具有一定规模、属主业性质的养兔，则宜建造比较规范的兔舍，实行笼养，以便于日常管理。我国北方地区，冬季漫长，气候寒冷，农村可采用地窖饲养，不仅冬暖夏凉，而且经济实用。笼养是较理想的一种饲养方式，相对于其他几种饲养方式（如散养、圈养、窖养等），笼养更便于控制家兔的生活环境，便于饲养管理、配种繁殖及疫病防治，有利于家兔的生长发育和提高毛皮品质，因而是值得推广的一种饲养方式。在这里主要介绍以笼养为前提的几种常见兔舍建筑形式。

(1)室外单列式兔舍　这种兔舍实际上既是兔舍又是兔笼，是兔舍与兔笼的直接结合。因此，既要达到兔舍建筑的一般要求，又要符合兔笼的设计需要。兔笼正面朝南，兔舍采用砖混结构，为单坡式屋顶，前高后低，屋檐前长后短，屋顶采用水泥预制板或波形石棉瓦，兔笼后壁用砖砌成，并留有出粪口，承粪板为水泥预制板（图 7）。为了适应露天条件，兔舍地基宜高些，兔舍前后最好要有树木遮荫。这种兔舍的优点是造价低，通风条件好，光照充足；缺点是不易挡风遮雨，冬季繁殖仔兔有困难。

（2）室内单列式兔舍　这种兔舍四周有墙，南北墙有采光通风窗，屋顶形式不限（单坡、双坡、平顶、拱形、钟楼、半钟楼均可），兔笼列于兔舍内的北面，笼门朝南，兔笼与南墙之间为工作走道，兔笼与北墙之间为清粪道，南北墙距地面 20 厘米处留对应的通风孔（图 8）。这种兔舍的优点是冬暖夏凉，通风良好，光线充足；缺点是兔舍利用率低。

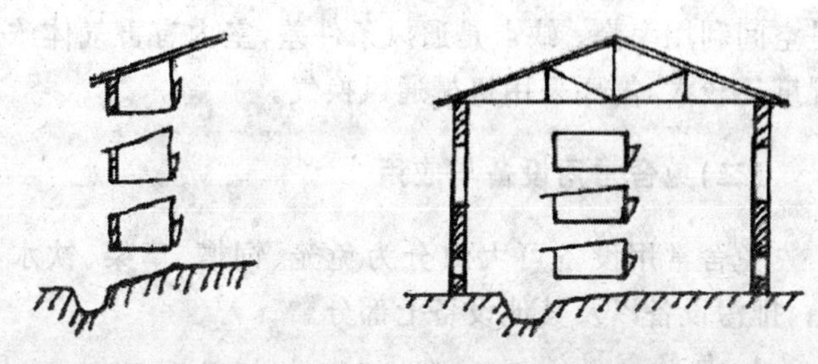

图 7　室外单列式兔舍示意图　　**图 8　室内单列式兔舍示意图**

（3）室外双列式兔舍　为两排兔笼面对面而列，两列兔笼的后壁就是兔舍的两面墙体，两列兔笼之间为工作走道，粪尿沟在兔舍的两面外侧，屋顶为双坡式（“人”字顶）或钟楼式。兔笼结构与室外单列式兔舍基本相同。与室外单列式兔舍相比，这种兔舍保暖性能较好，饲养人员可在室内操作，但缺少光照。

（4）室内双列式兔舍　这种兔舍分为两种形式：一种是两列兔笼背靠背排列在兔舍中间，两列兔笼之间为粪尿沟，靠近南北墙各一条工作走道；一种是两列兔笼面对面排列在兔舍两侧，两列兔笼之间为工作走道，靠近南北墙各有一条清粪沟。屋顶为双坡式、钟楼式或半钟楼式。同室内单列式兔舍一样，南北墙有采光通风窗，接近地面处留有通风孔。这种兔舍，室内温度易于控制，通风透光良好，但朝北的一列兔笼光照、保暖条件较差。由于空间利用率高，饲养密度大，在冬季门窗紧闭时有害气体浓度也较大。

(5)室内多列式兔舍　室内多列式兔舍有多种形式，如四列三层式、四列阶梯式、四列单层式、六列单层式、八列单层式等。屋顶为双坡式，其他结构与室内双列式兔舍大致相同，只是兔舍的跨度加大，一般为 8～12 米。这类兔舍的最大特点是空间利用率高；缺点是通风条件差，室内有害气体浓度高，湿度比较大，需要采用机械通风换气。

(二)兔舍常用设备与应用

兔舍常用设备可大致分为兔笼、饲槽、草架、饮水器、产箱、排污设备以及其他设备七部分。

1. 兔笼

(1)设计要求　兔笼设计一般应符合家兔的生物学特性，造价低廉，经久耐用，便于操作管理。兔笼规格一般以种兔体长为尺度，笼长为体长的 1.5～2 倍，笼宽为体长的 1.3～1.5 倍，笼高为体长的 0.8～1.2 倍。

(2)兔笼结构

①笼门　应安装于笼前，要求启闭方便，能防鼠害、防啃咬。可用竹片、打眼铁皮、镀锌冷拔钢丝等制成。一般以右侧安转轴，向右侧开门为宜。为提高工效，草架、饲槽、饮水器等均可挂在笼门上，以增加笼内实用面积，减少开门次数。

②笼壁　一般用水泥板或砖、石等砌成，也可用竹片或金

属网钉成，要求笼壁保持平滑，坚固防啃，以免损伤兔体和钩脱兔毛。如用砖砌或水泥预制件，需预留承粪板和笼底板的搁肩（3～5 厘米）；如用竹木栅条或金属网条，则以条宽 1.5～3 厘米，间距 1.5～2 厘米为宜。

③承粪板　宜用水泥预制件，厚度为 2～2.5 厘米，要求防漏防腐，便于清理消毒。在多层兔笼中，上层承粪板即为下层的笼顶。为避免上层兔笼的粪尿、冲刷污水溅污下层兔笼内，承粪板应向笼体前伸 3～5 厘米，后延 5～10 厘米，前后倾斜角度为 10%～15%以便粪尿经板面自动落入粪尿沟，并利于清扫。

④笼底板　一般用竹片或镀锌冷拔钢丝制成，要求平而不滑，坚固而有一定弹性，宜设计成活动式，以利清洗、消毒或维修。如用竹片钉成，要求条宽 2.5～3 厘米、厚 0.8～1 厘米、间距 1～1.2 厘米。竹片钉制方向应与笼门垂直，以防打滑，使兔脚形成向两侧的划水姿势。

（3）笼层高度　目前国内常用的多层兔笼，一般由 3 层组装排列而成。为便于操作管理和维修，兔笼以 3 层为宜，总高度应控制在 2 米以下。最底层兔笼的离地高度应在 25 厘米以上，以利通风、防潮，使底层兔亦有较好的生活环境。

（4）构件材料　各地因生态条件、经济水平、养兔习惯及生产规模的不同，建造兔笼的构件材料亦各不相同。

①水泥预制件兔笼　我国南方各地多采用水泥预制件兔笼，这类兔笼的侧壁、后墙和承粪板都采用水泥预制件组装而成，配以竹片笼底板和金属或木制笼门。主要优点是耐腐蚀，耐啃咬，适于多种消毒方法，坚固耐用，造价低廉。缺点是通风隔热性能较差，移动困难。

②砖、石制兔笼　采用砖、石、水泥或石灰砌成，是我国南

方各地室外养兔普遍采用的一种，起到了笼、舍结合的作用，一般建造 2～3 层。主要优点是取材方便，造价低廉，耐腐蚀，耐啃咬，防兽害，保温、隔热性较好。缺点是通风性能差，不易彻底消毒。

③竹（木）制兔笼　在山区竹木用材较为方便，兔子饲养量较少的情况下，可采用竹木制兔笼。主要优点是可就地取材，价格低廉，使用方便，移动性强，且有利于通风、防潮、维修，隔热性能较好。缺点是容易腐烂，不耐啃咬，难以彻底消毒，不宜长久使用。

④金属网兔笼　一般采用镀锌冷拔钢丝焊接而成，适用于工厂化养兔和种兔生产。主要优点是通风透光，耐啃咬，易消毒，使用方便。缺点是容易锈蚀，造价较高，如无镀锌层其锈蚀更为严重，且污染兔毛，又易引起脚皮炎，只适宜于室内养兔或比较温暖地区使用。

⑤全塑型兔笼　采用工程塑料零件组装而成，也可一次压模成型。主要优点是结构合理，拆装方便，便于清洗和消毒，耐腐蚀性能较好，脚皮被夹发生率较低。缺点是造价较高，不耐啃咬，塑料容易老化，因而使用还不很普遍。

（5）兔笼形式　兔笼形式按状态、层数及排列方式等可分为平列式、重叠式、阶梯式、立柱式和活动式等五种。目前我国农村养兔以重叠式固定兔笼为主。

①平列式兔笼　兔笼均为单层，一般为竹木或镀锌冷拔钢丝制成，又可分单列活动式和双列活动式两种。主要优点是有利于饲养管理和通风换气，环境舒适，有害气体浓度较低。缺点是饲养密度较低，仅适用于饲养繁殖母兔。

②重叠式兔笼　这类兔笼在长毛兔生产中使用广泛，多采用水泥预制件或砖木结构组建而成，一般上下叠放 2～4 层

笼体，层间设承粪板。主要优点是通风采光良好，占地面积小。缺点是清扫粪便困难，有害气体浓度较高。

③阶梯式兔笼　这类兔笼一般由镀锌冷拔钢丝焊接而成，在组装排列时，上下层笼体完全错开，不设承粪板，粪尿直接落在粪尿沟内。主要优点是饲养密度较大，通风透光良好。缺点是占地面积较大，手工清扫粪便困难，适于机械清粪兔场应用。

④活动式兔笼　一般由竹木或镀锌冷拔钢丝等轻体材料制成，根据构造特点可分为单层活动式、双联单层活动式、单层重叠式、双联重叠式和室外单间移动式等多种。主要优点是移动方便，构造简单，易保持兔笼清洁和控制疾病等。缺点是饲养规模较小，仅适用于家庭小规模饲养。

⑤立柱式兔笼　这类兔笼由长臂立柱架和兔笼组装而成，一般为 3 层，所有兔笼都置于双向立柱架的长臂上。主要优点是同一层兔笼的承粪板全部相连，中间无任何阻隔，便于清扫。缺点是由于饲养密度较大，故有害气体浓度较高。

2. 饲槽　饲槽是用于盛放混合料，供兔采食的必备工具。对饲槽的要求是：坚固耐啃咬，易清洗消毒，方便装料，方便采食防止扒料和减少污染等。料槽应根据饲喂方式、家兔的类型及生理阶段而定。饲槽的制作材料，有金属、塑料、竹、木、陶瓷、水泥等，按喂料方式可分普通饲槽和自动饲槽等。

(1)普通饲槽

①大肚饲槽　以水泥或陶瓷为原料制作。其特点是：口小中间大，呈大肚状。可防扒食或翻料(图 9)。该饲槽制作简单，原料来源广，投资少。但只能置于笼内，不能悬挂。适于小规模兔场使用。

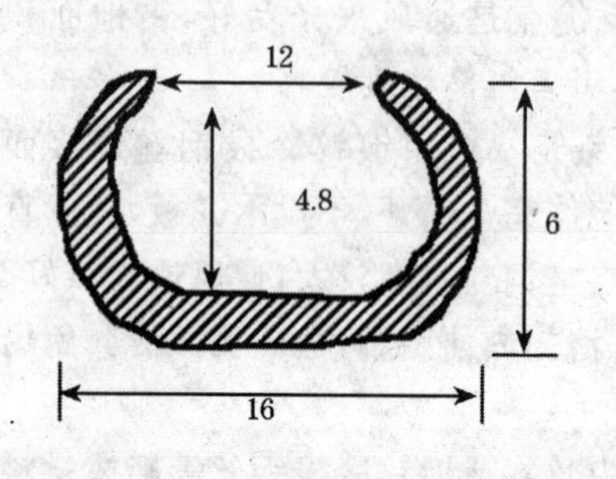

图 9 大肚饲槽 (厘米)

②翻转饲槽 以镀锌板制作，呈半圆柱状。以两端的轴固定在笼门上，并可呈一定角度内外翻转(图 10)。外翻时可往槽内加料，内翻时兔子采食。为防兔子扒食，内沿往里卷 0.8～1 厘米。此槽加料方便，可防止饲料污染。但饲槽高度不能调整。适于笼养种兔和肥育兔。

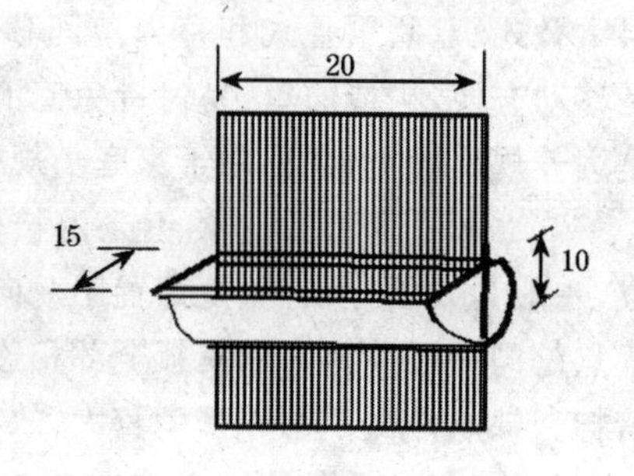

图 10 翻转饲槽 (厘米)

③群兔饲槽 以水泥、木板、铁板制作或以直径 10～15 厘米的竹竿劈半或劈去 1/3，两端用木板钉上，放在兔笼和运动场上。该饲槽宽 8～12 厘米，高 7～10 厘米。长可根据具体情况而定，一般 20～35 厘米(图 11)。该饲槽制作简单，投资小。但容易扒食，饲料易被污染，饲槽容易被啃坏。因此，一般采取定时喂料，及时取出。

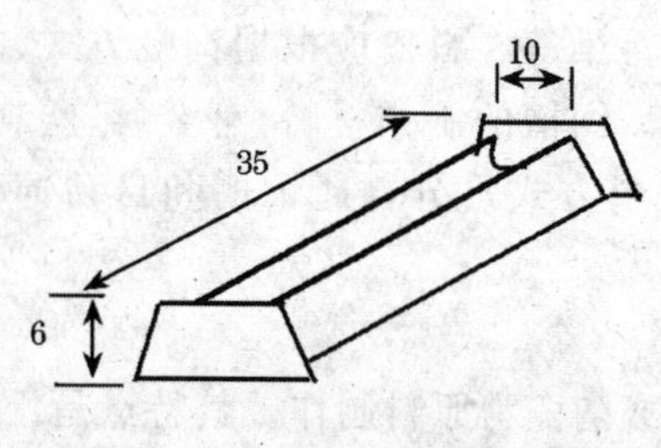

图 11 群兔饲槽 (厘米)

(2)自动饲槽　兼具饲喂及贮存作用。多用于大规模兔场及工厂化、机械化兔场。饲槽悬挂于兔笼门上。笼外加料，笼内采食。饲槽由加料口、贮料仓、采食口和采食槽等几部分组成。隔板将贮料仓和采食槽隔开，仅底部留 2 厘米左右的间隙，使饲料随着兔的不断采食，采食槽内的饲料不断减少，贮料仓内的饲料缓缓补充。为防止粉尘吸入兔呼吸道而引起咳嗽和鼻炎，槽底部常均匀地钻上小圆孔(图 12)。

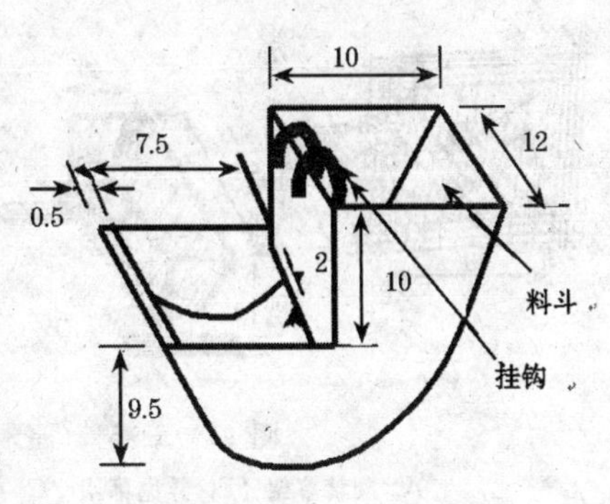

图 12　自动饲槽　(厘米)

3. 草架　草架是投喂粗饲料、青草或多汁料的饲具。使用草架可保持饲草新鲜、清洁，减少脚踏和粪尿污染所造成的浪费，预防疾病。我国以农民养兔为主体，以草为主。因此，草架是必备的工具。国外大型工厂化养兔场，尽管饲喂全价颗粒饲料，仍设有草架，投放粗饲料(如稻草)，供兔自由采食，以防发生消化道疾病。草架多设在笼门上，以铁丝、木条、废铁条制成，呈“V”型，分为固定式和翻转式(图 13)。兔通过采食间隙采食。

4. 饮水器　规模兔场多用瓶、盆或盒等容器作为饮水器，取材方便，投资小。但这种容器容易被粪尿和饲料污染，须经常洗刷水盆，增加了劳动强度。此外，家兔爱啃咬，经常弄翻容器，不仅影响饮水，还会造成兔舍潮湿。因此，除了小型和家庭兔场以外，多数采用不同形式的自动饮水器。

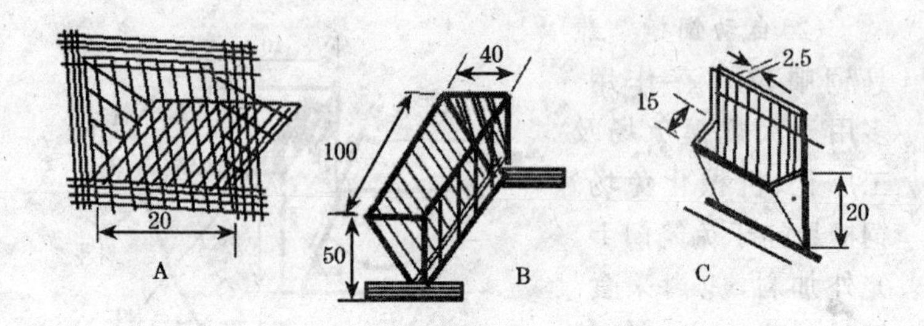

图 13　草架　(厘米)

A. 翻转草架　B. 群兔草架　C. 门上固定草架

(1)瓶式饮水器　瓶式饮水器是将瓶倒扣在特制的饮水槽上,瓶口离槽底 1～1.5 厘米,槽中的水被兔饮用后,空气随即进入瓶中,水流入槽中,保持原有水位(即瓶口与槽底之间的高度),直至将瓶中水喝完,再重新灌入新水(图 14)。饮水器固定在笼门一定高度的铁丝网上,饮水槽伸入笼内,便于兔子饮水,而又不容易被污染。水瓶在笼门外,便于更换。瓶式饮水器投资小,使用方便,水污染少,能防止滴水漏水,但需每日换水,适用于小规模兔场。

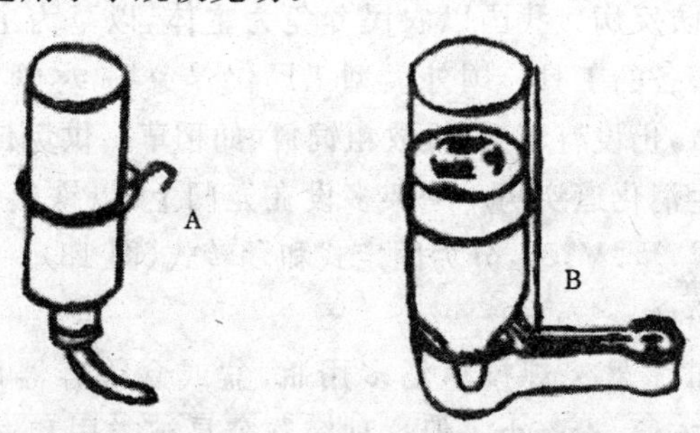

图 14　A,B 瓶式饮水器

(2)乳头式饮水器　乳头式自动饮水器是由外壳(饮水器体)、阀杆弹簧和橡胶密封圈等组成。平时阀杆在弹簧的弹力下与密封圈紧紧接触，使水不能流出。当兔触动阀杆时，阀杆回缩并推动弹簧，使阀杆和橡胶密封圈间产生间隙，水通过间隙流出，兔可饮到水。当兔停止触动阀杆时，阀杆在弹簧的弹力作用下恢复原状，停止流水(图 15)。

此外，还有的乳头式自动饮水器不是靠弹簧推动阀杆密封，而是靠锥形橡胶密封圈与阀座在水压作用下密封。当兔嘴触动阀杆时，阀杆歪斜，橡胶密封圈不能封闭阀座，水从阀座的缝隙中流出。也有的用钢球阀来封闭阀座的乳头式饮水器。

(3)弯管瓶式饮水器　该饮水器是由一个带有金属弯管的塑料瓶。将塑料瓶倒挂于笼门上，弯管伸入笼内。当兔饮水时触及弯头头部，破坏了水滴的表面张力，水便从弯管中流出。弯管固定在瓶盖上，当水饮完后，拧开吊瓶盖灌入新水即可(图 16)。

图 15　乳头式饮水器

图 16　弯管瓶式饮水器

5. 产箱　产箱又称育仔箱，是母兔分娩和哺乳仔兔的场所。仔兔在产箱内至少要生活 1 个月，因此在设计上，产箱要求能保温，母兔进出哺乳方便，仔兔不易爬出箱外。产仔箱没有统一的规格，其制作可用木板，也可用部分胶合板来代替。底面用竹片拼成，竹片应青面朝上黄面朝下，表面及边缘要刨光滑，间隙 0.2～0.4 厘米较合适（图 17）。目前常用的有两种样式：一种是敞开的平口产仔箱，多用 1 厘米厚的木板钉

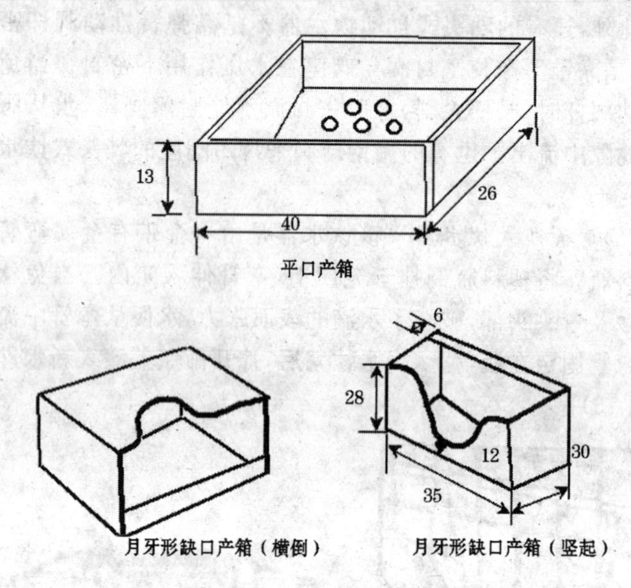

图 17 各式产箱 （厘米）

制而成，箱底有粗糙锯纹，并凿有间隙或小洞，使仔兔不易滑倒，便于排尿；另一种为月牙形缺口产仔箱，便于母兔出入。整个产箱的里外均应光滑，不得有木刺、铁钉等尖锐物外露，尤其是缺口处，应用粗砂纸磨光，否则母兔进出时容易刺伤或刮掉腹部的毛。这种产仔箱可以竖起也可横倒使用。分娩时将产箱横倒，地方较广；分娩后将产箱竖起，使仔兔不易爬出。仔兔开食后，再将产箱横倒，仔兔可以自由出入。这种形式的产箱，对接产和采用自然哺乳的方法哺乳均很方便。

6. 排污设备 兔舍排污系统主要包括粪尿沟、排水管、粪水池及清粪机等。粪尿沟主要用于排出粪尿及污水，建造时要求表面光滑，不渗漏，并有1%～5%的倾斜度。粪水池应设在距兔舍20米以外的下风向处，池口高于地面10～20厘米，以防地面水流入池内。

目前，多数兔场采用人工清扫或水冲刷粪便的方法。机械化程度高的兔场采用牵引式刮粪板。刮粪板可用金属、木料为材料，做成疏密不同的刮板，分层安置在兔笼底下的排粪沟内，用动力牵引，在粪尿沟内来回牵动刮板，使粪尿沟里的粪、尿、污物全部清除到贮粪池内。结构简单，造价低，比较实用。

7. 降温设备 兔的生物学特性和生理代谢特点决定其耐寒怕热。特别在气温较高的南方地区，在炎热季节，要有一定的防暑降温设施，如屋顶喷水器、舍内电风扇、风机及空调设备等。但必须保持兔笼、兔窝的绝对干燥。

8. 鉴定设备 肉兔饲养场、户都应备有鉴定用具，如耳号钳子、卷尺、台秤、保定箱(台、架)等。

第六章　肉兔疫病防治标准化

一、健康检查

诊断家兔的疾病，首先兽医人员要调查和了解发病的详细情况和经过，然后利用一般检查、系统检查、实验室检查和群体调查等方法对病兔进行详细全面的检查，搜集全面的症状资料，将所得到的症状材料加以综合、分析、推理和判断，做出诊断，作为制定合理、完整、有效的防治措施的根据。

（一）临诊检查的内容

1. 外貌特征

（1）体格发育和营养状态　体格发育良好的家兔，其躯体各部匀称，肌肉结实；发育不良的家兔，则表现躯体矮小，结构不匀称，在幼兔阶段，呈发育迟缓或发育停滞。营养良好的家兔表现被毛光滑，肌肉丰满，骨骼棱角不突出；营养不良时表现消瘦，被毛粗乱无光泽，皮肤缺乏弹性，骨骼外露明显。一般健康的、发育良好的家兔在肩部、背部或后躯看不出任何骨质突起，同时触摸这些区域的肌肉有坚实感。宽而厚的胸、宽的背和腰是家兔发育良好和体质健壮的标志。家兔的胸愈宽愈深，其肺脏和心脏的发育就愈良好。而窄胸的兔体质上一般较弱，容易患病。必须测量体重以确定是否符合标准。

（2）姿势　动物在相对的静止时期或运动过程中保持着相应的姿势。健康的动物，姿势自然，动作灵活而协调。健康的家兔蹲伏时，前肢相互平行，后肢自然地置于体下，靠在笼底上的后肢部位起支撑大部分体重的作用。走动时轻快敏捷。除采食外，大部分时间都在假眠和休息。夏天常倒卧、伏卧或伸长四肢，冷天则蹲伏，全身成为蜷缩状态。休息时处于完全的醒觉，眼张开，呼吸动作明显。假眠时则眼半闭，呼吸动作较轻微，稍有动作，即睁眼睡觉。完全睡眠时，呼吸轻微，同时双眼全闭。如出现异常姿势，则反映了中枢神经系统的疾患或功能障碍、外周神经的损害以及骨骼、肌肉和内脏器官的疾患。

（3）精神状态　动物精神状态是衡量中枢神经功能的标志，可根据其对外界刺激的反应能力及行为表现而做出判定。健康家兔常保持机警，外耳易活动并能彼此独立动作，轻微的特殊声音会使兔立刻抬头并两耳竖立，转动耳壳，小心地分辨外界情况。受惊时，公兔和母兔用一个或两个后肢在笼底上跺脚。妊娠母兔不如幼兔或成年公兔易发生兴奋，不易受外界嘈杂所干扰，表现得更温驯。但带着新生仔兔的母兔就变得具有攻击性。家兔的听觉和嗅觉特别灵敏。当中枢神经功能发生障碍时，由于兴奋与抑制过程的平衡遭到破坏，在临床上表现为过度兴奋或抑制。

2. 皮肤检查　健康家兔的皮肤是结实致密而有弹性的。被毛浓密、柔软，富于弹性而有光泽。被毛粗造蓬乱、过于柔软和稀疏，都说明患病或体质不良。一般每年秋、冬季发生的脱毛过程从肩前部开始，并继续向下跨过腹侧向腹部发展，直到最后长出新的被毛为止。如果秋季换毛后仍黄暗无光，就是营养不良或患病的标志。可触摸耳朵以了解皮温的变化。耳朵粉红是健康的标志。如果耳朵过红、苍白、蓝紫色，则表示着血液循环状态的紊乱。耳壳内存在着黄褐色的积垢则意味着发生中耳炎的可能性。要注意检查皮肤完整性的破坏，如鼻端、眼圈、耳背，颈后及其其他部位有没有脱屑、结痂，短毛兔的后脚掌是否红肿、溃疡。家兔的体表淋巴结不明显。

3. 眼和结合膜检查 健康家兔的眼睛圆瞪明亮，活泼有神，如果呈现昏暗呆滞，则为患病或衰老的象征。一般眼角干燥，无分泌物，如发生结膜炎，则结膜红肿，流出不同性状的分泌物。当血液循环的状态和血液成分发生改变时，则眼结膜颜色呈现潮红、苍白、发绀、黄染等。

4. 体温、脉搏及呼吸数的测定 体温、脉搏及呼吸数是动物生命活动的重要指标。在正常情况下，因外界或内部环境条件的暂时影响，一般在较为恒定的范围内发生变动。但在病理情况下，却会发生显著或急剧的变化。因此，在临诊时要经常测定这些指标，作为分析病情的重要依据。

(1)体温检查 健康家兔的体温为 38.5℃～40℃，平均为 39.5℃，当排除生理因素（如年龄、性别、品种，营养、生产性能、兴奋、活动、气候条件等）的影响后，体温的升高或降低即为患病的表现。测体温对早期诊断和群体检查很有意义。测体温后根据发热或体温过低的不同形式进行分析和判断。

(2)脉搏 健康成年兔的脉搏为 80～100 次/分，幼兔为 100～160 次/分，一些生理性因素（如年龄、性别、品种、生产性能、兴奋、恐惧、外界条件等）可引起脉搏次数发生变动，在家兔肱骨内侧的桡动脉进行触诊，如果感触有困难时，应检查心脏，以根据心搏动或心音的频率做出诊断。检查脉搏应从次数、节律及性质出发，进行全面考虑。

(3)呼吸次数的检查 健康家兔的呼吸次数为 38～65 次/分（平均约为 50 次），幼兔的呼吸次数更高，仔兔可超过 100 次/分。影响呼吸次数发生变化的因素有年龄、性别、品种、营养状态，姿势、胃肠充盈度、活动、外界温度等。如果排除了这些因素造成的呼吸次数改变，即认为是病理性的呼吸加快与呼吸次数减慢。

5. 消化系统检查 家兔经常采食的饲料，嗅后立即张口采食，如果变换一种未吃过的草类时，先要嗅一阵，然后才开始少量尝试。健康家兔一般食欲旺盛，吃得多而快，对于正常喂量的精饲料，在15～30分钟吃完。食欲减退或废绝是许多疾病的共同症状，也是疾病最早特征之一。充满着的饲槽和饮水器往往提醒人们对疾病问题的注意。还要检查是否有流涎现象，门齿是否整齐或过度生长(家兔有一种遗传性疾病，表现为错位咬合)。正常的兔粪如同豌豆大小的圆粒，光滑匀整。如粪便干硬细小，或粪量减少，甚至停止排便，是便秘的表现。粪便呈长条形或呈堆，或稀薄甚至水样，则是肠道有炎症的表现。家兔腹部容量大，腹壁有弹性而不松弛。当球虫病、结肠阻塞时，则发生“胀肚”。

6. 呼吸系统检查 健康家兔的鼻孔干燥，周围的毛是干净的。如果鼻孔周围有泥土粘着，或流出鼻液，甚至打喷嚏、咳嗽，就表示有传染性鼻炎、呼吸道感染等病。从第十肋间髋结节水平线开始，至第七肋间下方为止，是家兔肺脏扣诊区的后界，可以在此界限以前进行肺部听诊和扣诊，可以查明支气管、肺和胸膜的功能状态。

7. 泌尿生殖系统检查 家兔每日排出的尿量不定，取决于水与青贮饲料的利用率，每千克体重为20～350毫升，比重1.003～1.036。幼兔尿液无色并不含有任何沉淀物，但当采食固体和青饲料后，尿液就发生颜色变化，也出现沉淀物。尿液可能呈柠檬色、稻草色、琥珀色或红棕色，反应常常是碱性(pH值为8.2)。成年兔的正常尿液呈蛋白尿阳性反应。乳头的数目和乳房的发育状况，反映母兔泌乳能力的大小，一般有 8 个正常发育的乳头。检查时要注意乳头是否完整，乳房是否有肿胀。此外，应观察外生殖器部位有无皮肤剥脱、炎性肿胀等变化。还要检查公兔的睾丸。

8. 心脏听诊 可在左侧肘关节后上方胸壁第二至第四肋间听诊。根据心音频率、性质（如强度、分裂或重复）、节律即有无杂音，而判断心脏功能和血液循环的状态，不仅可获得有价值的诊断材料，而且对判断愈后很有意义。

（二）群体检查

随着规模养兔业的不断扩大。为了保障兔群的发展，有关人员要深入现场，检查兔群，从中早期发现病兔，及时做出诊断，以便采取综合性的防治措施。群体检查的程序如下。

第一，通过调查，了解该兔群的饲养管理规程，检疫记录，病理记录等资料。

第二，了解该兔场的地形位置、土壤特点；饲料与饮水状况；兔舍的建筑、结构和卫生条件。从而在已掌握兔群生活史的基础上，有助于查明某些群发病（营养代谢病、中毒和传染病）的病因及发展规律。

第三，对全群进行一般检查。

第四，对病兔进行全面检查。在肉兔养殖过程中，只要经常保持肉兔"吃干净、住舒畅、种优良、早防病"，切实控制病原体的传播途径，肉兔就能健康地生长。

二、标准化防疫

（一）防疫准则

1. 范围 生产无公害食品的肉兔饲养场在疫病预防、监测、控制、产地检疫及扑灭方面的兽医防疫准则。用于生产无公害食品的肉兔饲养场的兽医防疫。

2. 疫病预防

(1)环境卫生条件　肉兔饲养场的环境卫生质量应符合《NY 388 畜禽场环境质量标准》的要求，污水、污物处理应符合国家环保要求，防止污染环境。肉兔饲养场的选址、建筑布局、设施及设备应符合《NY 5133 肉兔饲养管理准则》的要求。

(2)饲养管理　饲养管理按《NY 5133 肉兔饲养管理准则》的要求执行。饲料使用按《NY 5132 肉兔饲养饲料使用准则》的要求执行。具有清洁、无污染的水源，水质应符合《NY 5027 畜禽饮用水水质》规定的要求。兽药使用按《NY 5130 肉兔饲养兽药使用准则》的要求执行。工作人员进入生产区必须消毒，并更换衣鞋。工作服应保持清洁，定期消毒。非生产人员未经批准，不应进入生产区。特殊情况下，非生产人员经严格消毒，更换防护服后方可入场，并遵守场内的一切防疫制度。

(3)日常消毒　定期对兔舍、器具及兔场周围环境进行消毒。肉兔出栏后必须对兔舍及用具进行清洗、并彻底消毒。消毒方法和消毒药物的使用等按《NY 5133 肉兔饲养管理准则》的规定执行。

(4)引进兔只的检疫，隔离　肉兔饲养场坚持自繁自养的原则。必须引进兔只时，应从健康种兔场引进，在引种时应经产地检疫，并持有动物检疫合格证明。兔只在启运前，车辆及运兔笼具要彻底清洗消毒，并持有动物及动物产品运载工具消毒证明。引进兔只后，要及时报告动物防疫监督机构进行检疫并隔离 30 天，确认兔体健康方可合群饲养。自繁自养的兔场，父母代兔要定期进行检疫。

(5)免疫接种　畜牧兽医行政管理部门应根据《中华人民共和国动物防疫法》及其配套法规的要求，结合当地实际情况，制定肉兔饲养场疫病的预防接种规划，肉兔饲养场根据规划制定免疫程序，并认真实施。对兔出血病等疫病要进行免疫，要注意选择和使用适宜的疫苗、免疫程序和免疫方法。

3. 疫病控制和扑灭　肉兔饲养场发生疫病或怀疑发生疫病时，先通过本场兽医或动物防疫监督机构进行临床和实验室诊断。当发生兔出血病、兔黏液瘤病、野兔热等疫病时，要对兔群实行严格的隔离、扑杀及销毁措施；立即采取治疗、紧急免疫；对兔群实施清群和净化措施；全场进行彻底的清洗消毒，病死或淘汰兔的尸体进行无害化处理。

4. 记录　每群肉兔都应有相关的资料记录。其内容包括：兔只来源地，饲料消耗情况，发病率、死亡率及发病死亡原因，消毒情况，无害化处理情况，实验室检查及其结果，用药及免疫接种情况，兔只发往目的地等。所有记录必须妥善保存。

(二)防疫消毒

通过兔舍和兔体消毒，使肉兔的生活环境和自身达到无害化，才能有效地防控兔病的发生和流行。

兔场、兔舍门口设立消毒池，内放2%氢氧化钠润湿的锯木屑，上盖棕片或旧麻袋，进出消毒。

进入兔舍的人员要换鞋、穿工作服；进行配料、饲喂、捉兔、剪毛之前，治疗兔病之后，用消毒药水，如3%来苏儿液或0.1%新洁尔灭液洗手。

兔舍每月清扫，饲槽、饮水器等器具每天清洗；酸腐残余饲料不再使用。笼舍、场地、用具每2个月或1个月大消毒1次。

肉兔饲养常用消毒药物见表28。

表28 肉兔饲养常用消毒药物

名称		常用浓度	用途
	酒精	75%	用于皮肤、手臂等消毒，主要用于工作人员
	碘酊（或碘伏）	5%	注射时兔体、皮肤的直接涂擦消毒
		1%～1.3%	兔笼消毒
	煤酚皂（来苏尔）	3%～5%	兔笼、饲槽、用具、洗手消毒
	新洁尔灭	0.1%	器械用具的消毒
		0.5%～1%	手术的局部消毒
碱类消毒药	氢氧化钠（火碱）	1%～2%	发生疫病时笼舍、场地、用具（金属用具除外）的消毒
	碳酸钠（纯碱）	4%	用于衣物、用具、笼舍、场所消毒
	石灰乳（1∶1生石灰加水）	10%～20%	用于兔舍墙壁，地面消毒
	草木灰（农家烧柴草的白灰）	20%～30%	用于兔舍、饲槽、用具消毒
强氧化剂	过氧乙酸	0.2%～0.5%	对兔栏舍、饲槽、用具、车辆、食品车间地面及墙壁进行喷雾消毒
	高锰酸钾	0.1%	肠道疾病
		0.5%	皮肤、黏膜和创伤消毒
		4%	饲槽及用具消毒
有机氯消毒剂：消特灵、菌素净及漂白粉等			畜禽栏舍、饲槽及车辆等的消毒
复合酚又名消毒灵、农乐等			主要用于栏舍、设备器械、场地的消毒，药效可维持5～7天
双链季胺盐类消毒药：百毒杀			药效持续时间约为10天左右，适合于饲养场地、栏舍、用具、饮水器、车辆的消毒

(三)免疫接种

定期免疫接种是预防肉兔各种传染病的有效措施,激发兔体产生特异性的免疫,以抵抗相应疾病的发生。

1. 紧急接种 一旦发生某些传染病时,疫区或者受威胁区对尚未发病的兔群进行应急性免疫接种。在接种时对兔群进行仔细检查,只有正常无病的兔才能接种疫(菌)苗,防止针头、器械的再污染,对器械和注射部位严格消毒。

2. 免疫程序 根据肉兔常见传染病的流行特点及疫(菌)苗种类、性质,制定合理的免疫日龄、接种方法和次数。

①产前3天和产后5天的母兔,每日每只喂穿心莲1～2粒,复方新诺明片1片,预防母兔乳房炎和仔兔黄尿病的发生。

②幼兔断奶前1周用兔大肠杆菌病多价灭活苗首免,以后每隔6个月免疫1次,预防肉兔大肠杆菌病。

③幼兔在17～19日龄时,日粮中添喂兔宝1号(按饲料的0.5%添加)、氯苯胍(剂量按每只每日10毫克)或盐霉素,预防兔球虫病。

④幼兔35日龄首次注射兔瘟疫苗,每只颈皮下注射1毫升兔瘟单联疫苗。60日龄时再皮下注射1毫升兔瘟单联疫苗或二联苗以加强免疫。之后每隔6个月免疫1次,预防兔瘟。

⑤幼兔在35～45日龄时,注射兔魏氏梭菌灭活苗2毫升。之后每隔6个月免疫1次,预防兔魏氏梭菌病。

⑥幼兔在40～45日龄时,注射兔巴氏杆菌灭活苗。之后每隔4～6个月免疫1次,预防兔巴氏杆菌病。

⑦妊娠母兔产前2～3周免疫兔支气管败血波氏杆菌病

灭活菌苗，预防兔支气管败血波氏杆菌病。断奶后幼兔在40～45日龄时注射2毫升，每隔6个月免疫1次，预防兔支气管败血波氏杆菌病。

⑧每只兔注射2毫升或于母兔配种前后注射兔葡萄球菌病灭活菌苗2毫升，预防因葡萄球菌感染引起的母兔乳房炎、仔兔黄尿病、脓疱症等，每6个月免疫1次。

（四）其他综合防疫

1. 驱虫 每年春、秋两季对兔群进行两次驱虫，可用虫克星，对兔体内寄生虫如线虫有杀灭作用，也可以治疗兔体外寄生虫如疥螨、蚤、虱等。同时注意毛癣病的发生，一旦出现，及时隔离治疗，最好淘汰，并对笼位进行彻底消毒。

2. 饲喂 根据一年四季气候特点，及时调整肉兔的饲料配方。气温高时，应减少能量性饲料，提高蛋白质饲料的配比，增加青绿多汁饲料等。寒冷时节，保证足够的青饲料，重视喂能量高的饲料，并搭配一些玉米粉、米糠之类的精饲料，以增强抗寒力。为便于消除因饲料问题而引发的疾病，禁喂腐烂、变质、发霉变质饲料和霜冻草料及露水草。使用菜籽饼、棉籽饼等时要经过脱毒处理。兔场要做到给水、排水方便，饮水清洁。

3. 管理 夏季高温时，加强散热，对成年兔最好每只一笼进行饲养，哺乳期的母兔和仔兔要在较为宽敞通风的笼箱中；冬天寒冷时，要关闭门窗保暖，但应留一小气口通风，防兔冻死冻伤，主要是仔兔。对兔场要早、晚各查巡1次，中午要添足水，定时喂奶。产前为母兔所准备的垫草须清洁、柔软、干燥。

三、常见病防治

(一)常见传染病防治

1. 兔病毒性出血症

兔病毒性出血症俗称兔瘟。由于本病传染性极强,发病率和死亡率极高,潜伏期短,给养兔业造成严重损失。

【病　原】 病原为兔出血症病毒。该病毒抵抗力较强,耐酸、耐热、耐紫外线、耐干燥环境。对氯仿、乙醚等有机溶剂不敏感。病料中的病毒在－8℃～20℃保存 500 天以上毒力不减弱。1%氢氧化钠液 4 小时,1%～2%甲醛液、10%漂白粉液 3.5 小时被灭活。生石灰和草木灰对该病毒几乎无作用。

【症　状】 潜伏期 1～3 天,最长 4 天。根据临床表现,症状可分为最急性、急性和慢性。

①最急性型　发生在流行初期,常无明显症状,突然惨叫、倒地抽搐死亡,死亡时鼻孔常流出带血泡沫,皮肤和可视黏膜发绀,个别阴门流血。

②急性型　此型最常见,发生在流行中期,病兔体温升高至 41℃～42℃,精神沉郁,呼吸困难,食欲减退,有渴感,耳壳潮红温热。继而体温急剧下降,可视黏膜和鼻唇部皮肤发绀。部分兔有便秘、腹胀,少数出现腹泻。死前有短期兴奋、挣扎、狂奔,全身颤抖,倒地抽搐,惨叫而死。死后四肢僵硬,头向背仰,角弓反张。少数死兔鼻孔流出血色泡沫。病程 1～2 天。

③亚急性型或慢性型　见于流行后期,病兔精神萎靡,耳

耷头低，拒食，消瘦，被毛枯焦，体温基本正常，最后衰弱死亡。有些病兔可耐过，但发育迟缓。

【防　治】 本病重在预防，无特效疗法。

①坚持自繁自养，谨慎引进种兔和商品兔　严禁从疫区引兔。并严格兽医卫生制度。

②定期预防接种　用兔瘟疫苗在断奶后首免，之后春、秋各免疫1次。兔病毒性出血症组织灭活苗，0.5～1毫升，皮下注射。仔兔45日龄开始免疫。

③发病后用高免血清治疗有一定效果　可按2～3毫升/千克体重，肌注或皮下注射，每日1次，连用2～3天，对早期病兔大多可治愈。

④中药兔瘟散有一定预防效果　板兰根、大青叶、金银花、连翘、黄芪，混合粉碎成细末，口服。幼兔每次1～2克，每日2～3次，连服5～7次；成年兔每次2～3克，每日2～3次，连服5～7次。也可拌料自食。

2. 传染性水疱性口炎

传染性水疱性口炎又称兔流涎病。3月龄幼兔最易发生，死亡率高达50%。

【病　原】 病原为兔传染性水疱性口炎病毒。病毒对乙醚、氯仿敏感，在pH值4～10之间表现稳定，2%氢氧化钠液和1%甲醛液在几分钟内能够将病毒杀死，0.1%升汞液或石炭酸液则需要6小时以上才能够将其杀死。在60℃及阳光下很快失去毒力。

【症　状】 潜伏期3～4天，病初口腔黏膜潮红、充血，随后在唇、舌、硬腭及口腔黏膜等处出现大小不等的水疱，内充满含纤维素的清澈液体，破溃后形成烂斑和溃疡，大量流涎并伴有恶臭味，流涎处被毛沾湿，粘连成片。沾湿处皮肤常发生炎症和脱毛。外生殖器也可见溃疡性损害。患兔精神不振，食欲减退或废绝，发热，体温高达40℃～41℃，腹泻，渐进性消瘦，终因衰竭而死亡。病程2～10天不等，死亡率常达50%以上。

【防　治】发现病兔首先要进行隔离，并对兔舍、用具和污染物用1%～2%氢氧化钠液、20%热草木灰液或0.5%过氧乙酸液消毒。对病兔可用2%硼酸液或2%明矾水冲洗，然后涂布碘甘油或青黛散。还可配合中药金银花或野菊花煎剂，拌料喂给。注意严重脱水可腹腔补液。

预防可用磺胺二甲基嘧啶，按5克/千克饲料或0.1克/千克体重喂服，每日1次，连用3～5天。同时注意饲养管理，喂给优质柔软易消化饲料，严格消毒等兽医卫生措施。

3. 兔　痘

兔痘又称兔黏液瘤。是兔的一种高度接触性致死性传染病，其特征是皮肤痘疹和鼻、眼内流出多量分泌物。

【病　原】病原为痘病毒科，正痘病毒属的兔痘病毒。该病毒耐干燥和低温，但不耐湿热，对紫外线和碱敏感，常用消毒药可将其杀死。通常浓度的硼酸、石炭酸、升汞和高锰酸钾不能杀死本病毒。

【症　状】本病潜伏期2～14天，病初发热至41℃，流鼻液，呼吸困难。全身淋巴结尤其是腹股沟淋巴结肿大坚硬。同时皮肤出现红斑，发展为丘疹，丘疹中央凹陷坏死成脐状，最后干燥结痂，病灶多见于耳、口、腹背和阴囊处。结膜发炎，流泪或化脓；公母兔生殖器均可出现水肿，发炎肿胀，孕兔可流产。通常病兔有运动失调、痉挛、眼球震颤、肌肉麻痹等神经症状。

【防　治】 主要是坚持兽医卫生制度，严格消毒，隔离检疫等措施。受疫情威胁时，可用肖扑氏纤维瘤病毒疫苗1毫升，皮下注射预防。对病兔用利福平或中药治疗。

4. 兔轮状病毒腹泻

兔轮状病毒腹泻是病毒引起的仔兔以严重腹泻为特征的一种肠道传染病。成年兔多呈隐性经过。

【病　原】 病原为呼肠孤病毒科，轮状病毒属的兔轮状病毒。该病毒对外界环境的抵抗力较强，粪中病毒在18℃～20℃经7个月仍有感染力。某些消毒药如碘酊、来苏儿消毒效果不好；但巴氏灭菌、70%酒精、3.7%甲醛溶液等均可杀灭病毒。

【症　状】 突然发病，病兔体温升高，精神不振，严重的表现为腹泻或水样稀便，呈棕色、灰白色或浅绿色，并含黏液或血液。肛门周围及后肢被毛被粪便污染。若不及时治疗，病兔迅速脱水消瘦，多于腹泻后2～4天死亡，死亡率可达60%～90%。

【防　治】 目前尚无有效疫苗可用，亦无好的治疗方法。主要应加强断奶前后仔兔的饲养管理，建立严格的兽医卫生制度。饲料变换要逐渐过渡，种类相对稳定，搭配合理。一旦发病，及时隔离病兔，并试用口服补液盐和治疗痢疾的中药方剂治疗。增强抵抗力，防止继发感染。

5. 兔大肠杆菌病

兔大肠杆菌病是由一定血清型的致病性大肠杆菌及其毒素引起的仔兔、幼兔肠道传染病，其特征是腹部膨大，黏液性或水样稀便，流涎，死亡率较高。

【病　原】 本病多由于饲养管理不善，导致肠道正常微生物菌群改变，大肠杆菌乘机大量繁殖引起传播。病原为大肠埃希氏菌的某些致病性血清型。该菌为两端钝圆的中等大杆菌，革兰氏染色阴性，抵抗力中等，在水中能存活数周至数月，一般消毒药能将其迅速杀死。

【症　状】 潜伏期1～2天。最急性型无临床表现，突然死亡。急性型体温一般正常或高于正常，精神沉郁，食欲减少，腹部膨胀，粪便时干时稀。常于1～2天内死亡，死亡率极高。亚急性型比较典型，粪便两头发尖或成串，外包透明胶冻状黏液，之后体温逐渐正常，粪便水样，肛门周围、后肢等部皮毛常被沾湿。最后病兔四肢发凉，磨牙，流涎，脱水消瘦，多于1周内死亡。

【防　治】 抗菌药物用链霉素、庆大霉素、磺胺脒、复方新诺明、氟哌酸、恩诺沙星、环丙沙星以及青霉素等抗菌药物均有治疗作用，但由于大肠杆菌极易产生抗药性，有条件的应做药敏试验再选择用药。结合补液、收敛、强心、利尿等对症疗法，防止脱水。如5%葡萄糖氯化钠液20～50毫升/次，1日1～2次，静脉注射。维生素C口服，补液盐溶液任病兔自由饮用。也可用葡萄糖生理盐水腹腔注射。

此外，粪便带血时用止血敏或维生素K_3，便秘病兔早期可口服人工盐、大黄苏打片、植物油或液体石蜡，同时供应新鲜青绿饲料。

常发病兔场，应用兔场占优势的抗大肠杆菌血清，接种幼兔，有预防和治疗的作用。

预防应加强饲养管理，减少应激因素，搞好兔舍卫生。断奶前后饲料应逐步加量和改变。

6. 兔魏氏梭菌性腹泻

兔魏氏梭菌性腹泻又称魏氏梭菌性肠炎。是由 A 型产气荚膜梭菌芽胞杆菌产生的外毒素引起的一种急性消化道传染病，发病快，死亡率高。

【病　原】 病原属于梭状芽胞菌属魏氏梭菌，该菌根据其产生的外毒素可分为 A，B，C，D，E 五种产毒类型。我国引起兔发病的是 A 型魏氏梭菌。

【症　状】 少数病例突然死亡，多数突然发生，精神沉郁，食欲废绝，急剧腹泻。排胶冻样带血粪便，或黑褐色水样粪便，有特殊的腥臭味。体温一般不升高，严重脱水，多数于腹泻当日或次日死亡，少数可拖至 1 周或更长。死亡率 20%～90%不等。

【防　治】 可用抗血清治疗，按 3～5 毫升/千克体重皮下或肌注，1 日 2 次，连用 2～3 天；10%磺胺嘧啶钠注射液，50～100 毫升/千克体重肌内注射，1 日 2 次，连用 2～3 天；红霉素，按 20～30 毫克/千克体重肌注，1 日 2 次，连用 3 天；5%葡萄糖生理盐水 20～50 毫升，1 次静脉注射。对症治疗，可口服食母生，5～8 克/只；口服胃蛋白酶 1～2 克/只；腹腔注射 5%葡萄糖生理盐水，20～50 毫升/次，可提高疗效。

预防可用兔魏氏梭菌灭活苗，0.5 毫升，1 次皮下注射。

本病应坚持预防为主的方针，应加强饲养管理，少喂高蛋白饲料，尽量减少应激因素，搞好卫生，注意灭鼠灭蝇。对有过发病史的兔场，应定期用灭活菌苗预防接种。

7. 兔沙门氏菌病

兔沙门氏菌病又名兔副伤寒。主要侵害妊娠母兔和幼兔的传染病，以败血症急性死亡、腹泻和流产为特征。

【病　原】　鼠伤寒沙门氏菌和肠炎沙门氏菌是沙门氏菌属的革兰氏染色阴性小杆菌，无芽胞，有鞭毛，能运动。需氧或兼性厌氧，最适生长温度 35℃～37℃，能在普通培养基上生长。菌落隆起，光滑，团形，边缘整齐，湿润而有光泽。本菌的抵抗力较强，60℃，15～20 分钟内死亡。常用消毒药可很快将其杀死。

【症　状】　潜伏期 3～5 天，除极少数最急性病例而突然死亡，多数病兔表现为腹泻和流产。病兔体温升高，精神沉郁，食欲废绝，渴欲增加，消瘦。幼兔腹泻时，多为急性经过，症状严重，很快死亡；成年兔则可能长期下痢，最后因极度消瘦、贫血而死亡；母兔从阴道排出黏、脓性分泌物，阴道黏膜潮红、水肿，流产，孕兔常于流产后死亡，康复兔不能再妊娠。

【防　治】　治疗用环丙沙星，2.5 毫克/千克体重，肌注，1 日 2 次，连用 3～5 天；链霉素，10 万单位/只，肌注，1 日 2 次，连用 3 天；磺胺二甲嘧啶，100～200 毫克/千克体重，口服，1 日 1 次，连用 3～5 天。大蒜汁(1 份大蒜加 5 份清水，制汁)5 毫升/只，1 日 3 次，连用 5 天。此外，琥磺噻唑、肽磺噻唑和硫酸庆大霉素对该病都有很好疗效。

预防主要是搞好饲养管理和环境卫生，增强兔体抵抗力，消除兔场各种应激因素。严格兽医卫生制度，定期检疫，淘汰感染兔，建立健康兔群。严格引进兔的检疫工作。对初期妊娠母兔可用鼠伤寒沙门氏菌灭活苗免疫，每年免疫 2 次。

8. 兔泰泽氏病

兔泰泽氏病是由毛样芽胞杆菌引起的多种实验动物、家畜和野生动物的一种共患肠道急性传染病。其特征是：严重腹泻、脱水并迅速死亡，发病率和死亡率较高。

【病　原】 病原为毛样芽胞杆菌，细长，多形性；革兰氏染色阴性，有运动性，能形成芽胞，不能在普通培养基上生长，仅能在活细胞和鸡胚卵黄囊内生长。

【症　状】 通常突然发病，急剧腹泻，粪便呈褐色糊状或水样，迅速出现脱水症状，精神沉郁，食欲废绝，很快死亡，一般病程为1～2天。耐过病例食欲不佳，生长迟缓。

【防　治】 有几种抗生素对本病有一定的疗效：金霉素按40毫克/千克体重，溶入5%葡萄糖注射液中静注，1日2次，连用3天；土霉素用0.006%～0.01%饮水。

预防主要应加强饲养管理，减少应激因素，严格兽医卫生制度。一旦发病及时隔离治疗病兔，全面消毒兔舍，并对未发病兔在饮水或饲料中加入土霉素进行预防。

9. 兔巴氏杆菌病

兔巴氏杆菌病又名兔出血性败血症或兔传染性鼻炎，是由多杀性巴氏杆菌引起的多症状性的兔传染病。由于病原感染性质的不同，在临床常表现出不同的病症。家兔对巴氏杆菌非常敏感，常引起大批发病和死亡，损失非常大。

【病　原】 病原为多杀性巴氏杆菌，一般是FO型、两端钝圆小杆菌，革兰氏染色阴性，以瑞氏或姬姆萨氏染料染色时，显示两极明显浓染。对磺胺类药物及抗生素敏感，抵抗力不强，在干燥空气中2～3天即可死亡，一般消毒药如10%漂白粉乳和10%的石灰乳均能将其杀死。

【症　状】 本病潜伏期数小时至数日或更长，其症状如下。

①传染性鼻炎　最常见的症状是家兔从鼻腔流出浆液性

鼻液，以后变为黏液性和脓性，打喷嚏、咳嗽。家兔常用前爪抓鼻部，鼻部被毛潮湿、缠结，甚至脱落，发炎红肿。鼻液堵塞鼻腔严重时，表现为呼吸困难。如不并发其他类型病变时，病程很长，可达数月甚至数年，症状最后消失。但当抵抗力下降、病菌感染其他部位，可引起化脓性结膜炎、中耳炎、皮下脓肿、肺炎及胸膜炎等，最后死亡。

②全身败血症　急性病例病兔死亡迅速，常无明显症状。表现为精神萎靡，食欲废绝，体温身高，流脓性或黏液性鼻液。肺炎型表现为呼吸困难，咳嗽，鼻腔有分泌物，肺部检查有肺炎和胸膜肺炎症状。有时腹泻，多因衰竭而死亡。

③地方性肺炎　精神沉郁、食欲不振、体温升高，但呼吸困难和肺炎症状多不明显，死亡迅速。

④中耳炎型　可见一侧或两侧鼓室内充满黄白色奶油状渗出物，早期鼓室和鼓室内壁充血变红、增厚。

⑤脓肿　内部充满白色、黄褐色奶油样渗出液，随病程的延长，由厚的结缔组织包围与周围组织明显分开。

⑥生殖器炎症　一侧或两侧子宫腔扩张，腔内积有水样白色渗出液。子宫壁变薄，黄褐色。公兔睾丸脓肿。

⑦结膜炎型　眼结膜发红，眼睑肿胀，并被分泌物粘连。

【防　治】发现本病应及时隔离病兔并进行严格消毒。

对病兔可采用下列药物治疗：链霉素 20 毫克/千克体重，肌注；青、链霉素各 10 万单位，肌注，1 日 2 次，连用 3～5 天；庆大霉素 4 万单位，一次肌注，1 日 2 次，连用 3～5 天；氧氟沙星 0.8～1 毫升/千克体重，1 日 1 次，连用 3 天。磺胺嘧啶，按 100～200 毫克/千克体重，口服，1 日 2 次，连用 5～7 天；或口服四环素、金霉素、土霉素、喹乙醇等。

鼻炎病例可用青、链霉素滴鼻，按每毫升各 2 万单位配制后使用。1日2次，连用5天。

建立无多杀性巴氏杆菌兔群，是防制本病的最好办法，可通过选择无鼻炎症状的兔，并连续进行鼻腔分泌物检查细菌的方法净化兔群。同时应坚持自繁自养，严格引入种兔的检疫。并应定期进行菌苗的免疫接种。一旦发病，应立即隔离病兔，进行治疗或淘汰，并要做好消毒工作。

10. 支气管败血波氏杆菌病

支气管败血波氏杆菌病是家兔常见、多发、广泛传播的一种慢性呼吸道传染病，以鼻炎、支气管肺炎和脓疱性肺炎为特征。

【病　原】 病原为支气管败血波氏杆菌，革兰氏阴性、无芽胞的小杆菌，周身有鞭毛，能运动。有荚膜，重复培养荚膜消失。美蓝染色常呈两极染色。在普通琼脂上能发育，生长严格需氧，最适温度37℃。常寄生在家兔呼吸道、患病家兔的鼻腔和分泌物，以及病变器官。本菌抵抗力不强，常用消毒药均能将其杀死。58℃加热15分钟即可将其杀死。

【症　状】 其临床表现，可分为鼻炎型、支气管肺炎型。

①鼻炎型　在家兔中常见，表现鼻腔流少量浆液性或黏液性鼻液，当诱因消除后，症状可自行消失，但常出现鼻中隔萎缩。常与多杀性巴氏杆菌并发。

②支气管肺炎型　是鼻炎长期不愈，病原进入到肺部造成。表现为鼻腔流出黏液性或脓性分泌物，打喷嚏，呼吸加快，食欲不振，逐渐消瘦，迅速死亡，而有的病兔可数月不死。

【防　治】 治疗可用抗菌消炎的药物：青霉素8万单位，连霉素15万单位，注射用水2毫升，分别溶解，混合，肌内注射，1日2次，连用3～5天；硫酸卡那霉素，按0.2～0.4

克/只，肌注，1 日 2 次；庆大霉素按 1 万～2 万单位/只，1 日 2 次；四环素，按 40 毫克/千克体重，肌注，1 日 2 次；酞酰磺胺噻唑按 0.2～0.3 克/千克体重，内服，1 日 2 次等。白及 15 克，白茅根 15 克，桔梗 5 克，煎汤去渣，喂服。但需注意停药后可能复发，对治疗无效和反复复发的病兔及时淘汰。

预防应坚持自繁自养，引进种兔应隔离观察 1 个月以上，并进行细菌学与血清学检查，阴性者方可混群饲养。并应加强饲养管理，做好清洁卫生和消毒工作。对有本病的兔场，应采取检疫净化措施，建立无本病兔群。

11. 兔肺炎球菌病

兔肺炎球菌病又称肺炎双球菌病。以体温升高，咳嗽，流鼻液和突然死亡为特征。

【病　原】 病原为肺炎链球菌，革兰氏阳性，常成双排列，两个菌体细胞宽端平面相对，尖端朝外、呈矛状，有荚膜。在普通培养基中生长不良，血液及血清培养基中生长良好。本菌对外环境抵抗力不强，高热和常用消毒药能很快将其杀死，如 5%的石炭酸液、0.01%高锰酸钾液很快能将其杀死。

【症　状】 病兔精神沉郁，拒食，体温升高；呼吸困难，鼻孔扩大，咳嗽，流黏性或脓性鼻液，肺部听诊有啰音或捻发音。幼兔常突然死亡，呈败血症变化。妊娠母兔发生流产，或出生仔兔孱弱，仔兔成活率低，母兔产仔率和受胎率都下降。

【防　治】 治疗可用链霉素 10 万～20 万单位/只，肌注，1 日 2 次；同时用磺胺二甲基嘧啶按 0.03～0.1 克/日，口服，连用 4 天。抗肺炎双球菌血清，按 10～15 毫升/只，加入 4 万～8 万单位新生霉素皮下注射，1 日 1 次，连用 3 天。

一旦发生本病，可用本场分离的肺炎链球菌制成灭活苗全面预防注射。或使用磺胺类药物全群预防性投药，同时彻底消毒。因本病是条件性致病菌，所以控制好环境和饲养管理是预防本病的关键。

12. 兔链球菌病

兔链球菌病是以急性败血症、肺炎、腹泻为特征的传染病。发病急、死亡快，主要危害幼兔。

【病　原】 病原为C型的溶血性链球菌，为革兰氏阳性，无运动性，不形成芽胞，呈链状排列的球菌。本菌在普通培养基上生长不良，需加入血清、血浆、腹水、葡萄糖后才能良好生长。本菌对热和消毒药抵抗力不强，常用消毒药很快能将其杀死。

【症　状】 病兔初期主要表现为体温升高，呼吸困难，食欲不振，精神沉郁；后期四肢麻痹、伏卧地面、强行运动呈爬行姿势，流白色浆液性或黄色脓性鼻液，间歇性腹泻，排带黏液或血液的粪便，经1～2天死亡。有的可有中耳炎的歪头、滚转、鼻漏、眼结膜化脓、生殖道肿胀等症状。有的最急性病例不表现任何症状而死亡。

【防　治】 治疗可用青霉素10万单位/只，硫酸链霉素15万单位/只，注射用水2毫升，1日2次，连用3～5天；磺胺嘧啶钠0.2～0.3克/千克体重，静脉或肌注，1日2次，连用3～4天。或先锋霉素Ⅱ，按20毫克/千克体重，肌内注射，1日2次，连用5天。

预防应加强饲养管理，在寒冷季节注意保温和通风，控制好舍内温度，防止受凉感冒，减少应激因素。发现病兔应立即隔离，全面消毒。对未发病兔可用磺胺类药物预防。

13. 兔葡萄球菌病

兔葡萄球菌病是兔的一种常见传染病。其特征是致死性败血症,或各器官和部位组织的化脓性炎症。

【原　因】 金黄色葡萄球菌,具有溶血性,革兰氏阳性,常不规则排列成葡萄串状。该菌对外界环境抵抗力较强,在干燥脓汁或血液中可生存数月,80℃、30分钟才能将其杀灭。常用消毒药以3%～5%石炭酸溶液消毒效果最好;70%酒精数分钟内可杀死本菌。对结晶紫很敏感。

【症　状】 兔葡萄球菌病有多种病型,幼兔多发生败血症型,成兔多发生局部皮炎脓肿。

①败血症型　个别病兔不显症状突然死亡。一般病兔体温升高,食欲废绝,精神沉郁;有的仔兔生后2～3天,在皮肤上尤其是腹、胸、颈、颌下和腿内侧的皮肤上出现炎症及白色脓疱,脓疱由粟粒大至蚕豆大,突出于皮肤。多数病例1周内呈败血症死亡(仔兔脓毒败血症)。有的仔兔吃了患乳房炎母兔的奶后引起急性肠炎,肛门四周有黄色腥臭稀粪,肛门周围和后肢被毛潮湿,全身发软,昏睡。死亡率很高,病程2～5天。

②多处局部皮炎脓肿　　可发生于成年兔的任何器官和部位。在头、颈、背、腿等部位的皮下或肌肉,开始红肿、硬结,后来变成波动的脓肿。脓肿大小不一,由豌豆大至鸡蛋大,皮下脓肿1～2个月可自行破溃,流出白色乳酪状脓液,破口经久不愈。流出的脓液沾到别处皮肤,引起搔抓而损伤皮肤,形成新的脓肿。也可经血流到达别处皮肤或内脏器官,形成脓肿(转移性脓毒败血症)。也有发生于兔脚皮肤,形成溃疡出血,兔不愿走动,换脚休息很小心,同时影响食欲,消瘦(脚皮

炎）。也有乳房呈紫红色或蓝紫色，体温稍升高，形成急性乳房炎。乳房局部先发硬、增大，随后化脓，旧的脓肿结痂治愈，又出现新的脓肿，成为慢性乳房炎。这些局部性脓肿都可能转为败血症，迅速死亡。

【防　治】　治疗时抗生素和磺胺类药如庆大霉素、新霉素、青霉素、四环素、长效磺胺等都可应用。但要注意金黄色葡萄球菌可产生抗药性，有条件时可做抑菌试验，以确定最敏感抗菌药。局部脓肿按一般外科处理。对乳房炎，则在全身疗法的同时，侧重于乳房局部的消炎、抗菌、排脓等疗法。

预防主要是保持兔笼、产箱和兔舍的清洁卫生，同时清除一切可引起兔皮肤损伤的锋利物。还应防止母兔乳房炎、仔兔脐带感染。必要时可在母兔分娩前投给抗菌药物预防，或自制自家菌灭活苗免疫健康兔。

14. 兔李氏杆菌病

兔李氏杆菌病又名单核细胞增多症。是兔的一种散发性急性传染病，为多种动物及人共患。病兔主要表现为鼻炎、脑膜炎和生殖系统疾病。死亡率高。

【病　原】　病原为李氏杆菌，革兰氏染色阳性，细长小杆菌。常单在或呈“V”形、栅栏形排列。无荚膜，无芽胞，能运动，可在普通培养基上生长，对外界环境抵抗力较强，但常用消毒药可很快将其杀死。

【症　状】　潜伏期 2～8 天，可分为急性、亚急性和慢性三种类型。

①急性型　多见于幼兔，病兔体温可达 40℃以上，精神沉郁，食欲废绝，伴有结膜炎和鼻炎，流浆液性或黏液性分泌物，几小时或 1～2 天内死亡。

②亚急性型　主要表现为脑炎和子宫炎，病兔做转圈运动，头颈偏向一侧，运动失调。妊娠母兔流产或胎儿干化。一般经 4～7 天死亡。

③慢性型　主要表现为子宫炎、流产，从阴道内流出红色或棕色的分泌物。也有脑炎症状出现，病程可长达几个月。

【防　治】 治疗上早期应用大剂量药物可以治愈，但对出现神经症状病兔疗效不好。可用药物为：磺胺嘧啶按 0.3 克/千克体重，青霉素按 10 万单位/只，同时分别肌注，1 日 2 次，连用 3～5 天。青霉素、链霉素各 10 万单位联合肌注，1 日 2 次，连用 3～5 天。病兔群可用新霉素或青霉素按 2 万～4 万单位/只，混饲喂服，1 日 3 次，能有效地控制本病的流行。

预防上应严格执行兽医卫生制度，搞好环境卫生，消灭老鼠。发现病兔立即隔离治疗或淘汰，并对兔笼、用具及场地全面消毒，死亡后深埋或烧毁，并应注意防止人被感染。

15. 兔密螺旋体病

兔密螺旋体病又称兔梅毒。病的特征为外生殖器官、颜面部等部位的皮肤和黏膜发炎、结节和溃疡，患部淋巴结发炎。

【病　原】 病原为兔密螺旋体，通常用姬姆萨氏或石炭酸复红染色。主要存在于病兔的外生殖器中。该病原微生物抵抗力较弱，普通消毒药能很快将其杀死。

【症　状】 本病潜伏期 2～10 周。病初，公兔多在包皮和阴囊，母兔多在大阴唇呈现炎症、潮红及浮肿，流出黏、脓性分泌物，同时肛门周围发红、肿胀，并形成小结节，随后破裂后形成糜烂、溃疡。后期肿胀部位有浆液性、脓性渗出物，病变部位变得湿润并形成棕色或紫色痂。有时感染蔓延到鼻、眼睑、唇、爪等部位，被毛脱落，但愈合后很快长出。公兔阴囊皮肤呈糠麸样，阴茎水肿、龟头肿大。腹股沟淋巴结肿大。本病呈慢性经过，无全身反应，进展缓慢，可持续数月。母兔受胎率下降，所生仔兔活力差。严重的失去配种能力。

【防　治】 治疗用甲硝唑片 3 片，1 片口服，2 片研末涂患处，1 日 3 次，用至症状消失后为止。也可用新胂凡纳明（九一四）治疗，按 40～60 毫克/千克体重，配成 5%溶液静注。同时配合青霉素治疗，效果更佳。局部病灶用 0.1%高锰酸钾溶液冲洗后涂碘甘油或青霉素软膏。对溃疡面冲洗后擦 25%甘汞软膏。中药可用金银花、连翘和黄芩各 5 克，煎汁服下。

预防应坚持自繁自养和严格检疫，严防引进病兔。发现病兔停止配种，隔离治疗，并淘汰重病兔，同时彻底消毒兔笼、用具及环境等。

16. 毛癣病

毛癣病又名秃毛癣。其特征是感染皮肤呈不规则的块状或圆形脱毛、断毛及皮肤炎症。本病为人兽共患病。

【病　原】 病原主要为半知菌亚门，发癣菌属和小孢霉属的真菌引起。须发癣菌和许兰氏发癣菌是最常见的病原菌。常用培养基为沙堡弱加入抗生素，温度为 25℃～28℃。两属真菌的孢子对外界环境抵抗力很强，在干燥环境中可存活3～4 年，煮沸 1 小时方可杀死。常用消毒药为 5%碱水及 3%甲醛溶液。制霉菌素、两性霉素 B、灰黄霉素和克霉唑对本菌有抑制作用。

【症　状】 病初，病状出现在头及头部附近，继则感染肢端等皮肤毛少处。患部以环形、突起、带灰色或黄色痂为特征，痂皮脱落后形成小的溃疡，造成毛根和毛囊的破坏。如并发金黄葡萄球菌或链球菌感染，常引起毛囊脓肿。有时，皮肤可出现环形、被覆珍珠灰(闪光鳞屑)的秃毛斑。

许兰氏发癣菌致病时，潜伏期为3～12天；病灶扩大时，形成直径约1厘米、边缘整齐的圆盘状硬痂。须发癣菌的潜伏期为8～14天，病灶扩大时相互融合成大块痂皮。

【防　治】 对本病的治疗首先用软肥皂水洗拭，除去痂皮。然后用下列药品涂抹：克霉唑癣药水或克霉唑软膏，均匀涂擦患部，1日3～4次，直至痊愈；10%水杨酸酒精或5%～10%硫酸铜溶液涂擦患部，直至痊愈；制霉菌素软膏或2%甲醛软膏涂布患处，1日3～4次，至痊愈。也可口服或注射两性霉素B、克霉唑片、灰黄霉素等。

对本病的预防主要是保持兔舍通风、干燥及卫生，坚持定期消毒。发现病兔应及时隔离治疗，并对病兔接触物进行彻底消毒。

(二)常见寄生虫病防治

1. 兔球虫病

兔球虫病是由于艾美耳属的多种球虫寄生于家兔的肠上皮细胞和肝脏胆管上皮细胞内引起的一种寄生虫病。发病率和死亡率高，对养兔业危害严重，各种品种的家兔都易感染，尤以断奶至3月龄的兔最易感染。

【病　原】 本病病原是艾美耳的13种球虫。其中兔艾美耳球虫寄生于肝脏胆管上皮，其余各种球虫都寄生在肠上皮。临床上所见的多数为混合感染，占70%以上。兔球虫病在各地都有发生，在温暖多雨季节多发。球虫的卵囊有椭圆形、圆形和卵圆形等不同的形状。卵囊对化学药品和低温的抵抗能力很强，大多数卵囊可以越冬。卵囊在干燥和高温条件下容易死亡，紫外线对各个发育阶段的球虫都有很强的杀灭作用。

【流行病学】 不同品种、年龄的家兔都能够感染球虫病，以断奶至4月龄的幼兔易感性和死亡率最高，成年兔为隐性感染，成为带虫者。因此，病兔、带虫兔以及被卵囊污染的用具、环境等都是本病的传染源。鼠类、昆虫及饲养人员都可以是本病的传播者。球虫病各个季节都可发生，但以高温高湿季节多发，在南方为5～7月份，北方为7～9月份。兔舍潮湿和高温高湿地区发病率高。此外，营养不良、兔舍卫生条件恶劣都会促成本病的发生。球虫卵囊的抵抗力极强，在潮湿的土壤中可存活数年。因此，兔场一旦发生球虫病就很难根除。

【症　状】 本病潜伏期2～3天。病兔表现精神沉郁，食欲减退，伏卧不动，眼、鼻分泌物增多，眼结膜苍白或黄染。按球虫寄生部位可分为肝型、肠型和混合型，以混合型居多。肠型以顽固性腹泻、腹泻带血为特征，常急性死亡。肝型以腹围增大下垂，肝肿大、触诊有痛感，结膜轻度黄染为特征。混合型则兼具二者特点，可见腹泻或腹泻与便秘交替，粪便带血及黏液或肠黏膜。尿频，或常呈排尿姿势。腹围增大下垂，肝区触诊疼痛。结膜苍白有时黄染。后期往往出现神经症状，痉挛抽搐或麻痹，尖叫死亡。一般临床上见到的球虫病绝大多数都属于混合型。病兔病愈后长期消瘦，生长发育不良。

【病理变化】 肝球虫病表现肝脏肿大，肝面及实质内有多量白色或淡黄色绿豆大至黄豆大小的病灶，内含各发育阶段的球虫。肠球虫病小肠及盲肠血管充血，黏膜充血、出血，病程长者黏膜上有许多白色结节、内含卵囊。急性肠球虫病很难以肉眼发现病变。

【防　治】 应以预防为主，平时加强饲养管理，发现病兔要及时隔离。球虫病暴发时，盐酸氯苯胍按200毫克/千克，混入饲料作治疗用；预防用150毫克/千克，混饲。治疗时，内服按10～15毫克/千克体重，连服5天，隔3日后重复1次。磺胺二甲嘧啶按每千克体重100毫克内服，连服3天，停1周后再重复1个疗程。或三甲氧苄氨嘧啶与磺胺二甲嘧啶以1∶5比例混合，按120毫克/千克混入饲料内喂给。球痢灵（硝苯酰胺）按每千克体重500毫克，内服，每日2次。或将此药与3倍量的磷酸钙一同研细，配成含球痢灵25%的混合物，以125毫克/千克剂量拌入饲料中用于预防，如每只兔再给0.5～1克乳酶生，效果更好。或球虫灵，50毫克/千克混入饲料，每日饲喂2次，有良好的预防效果。莫能霉素预防时用0.002%浓度混饲；治疗时用0.005%浓度混饲。

大蒜捣泥取汁，用注射器抽取蒜汁3～5毫升注入兔直肠内。注完后提高兔后躯，用手轻轻拍打一下兔的腰背部，然后取出注射器。此法1次见效，连用2～3天（每天1次）治愈。

黄芩45克，黄连、黄柏各18克，大黄15克，甘草25克，共研为细末，每次喂服2克，每日2次，连用3～5天。

对球虫病的治疗应注意以下几点：其一，早期用药，晚期效果不好。其二，轮换用药，一般一种药用3～6个月后改换其他药。其三，应注意对症治疗，采取辅助疗法。如补液、补充维生素K和维生素A等。

2. 兔弓形虫病

兔弓形虫病是一种世界性的人兽共患原虫病，在多种动物和人中广泛传播，对人、畜和兔的危害相当严重。

【病　原】 病原为粪地弓形虫。其形态在发育的各个阶段差异较大。弓形虫的发育需两个宿主,其终末宿主是猫,其他动物是中间宿主。同时猫吃进了含子孢子的卵囊后,也能充当中间宿主的角色,故又称为完全宿主。在猫小肠内形成卵囊随猫粪便排出体外,在外界环境中发育为含有两个孢子囊的感染性卵囊。兔饲料被含有大量弓形虫卵囊的猫粪污染,是兔场弓形虫病暴发流行的主要原因。弓形虫的不同生理阶段,其抵抗力不同。

【流行病学】 本病的易感动物为包括兔在内的多种动物及人。因此,其感染来源为多种发病和带虫动物;其中猫粪便中含有大量卵囊,是最重要的传染源。感染途径有消化道、眼、呼吸道等,也可经破损的皮黏膜及胎盘感染。被患猫的粪便及其他病畜、带虫畜的分泌物、排泄物污染的饲料、饮水、用具、土壤等均是传播媒介,多种昆虫和蚯蚓也可成为传播媒介。

本病无明显的季节性,但多发于温暖潮湿的季节和地区、养有家猫的畜群、有野生猫科动物活动的放牧地。

【症　状】 症状可分为急性、慢性与隐性型。急性型主要发生于仔兔,表现突然发病,体温升高和呼吸加快,不吃,精神沉郁,有眼屎,浆液性或脓性鼻液,嗜睡,后期出现运动失调或麻痹,有惊厥,常于发病后 2～8 天内死亡。慢性型常见于老龄兔,病兔减食,进行性消瘦、贫血,常后躯麻痹,病程较长,多数可康复,但也有死亡者。隐性型不表现临床症状,血清学检查呈阳性。

【病理变化】 急性型主要为肺、淋巴结、脾、肝、心的大面积坏死,可见广泛性灰白色坏死灶和大小不一的出血点,肠黏膜出血,有扁豆大小溃疡灶,胸腹腔液增多。慢性型主要为内脏器官水肿，有散在坏死灶，并有肉芽肿性脑炎病变。

【防　治】 全面检查，及早确诊，病兔和隐性感染兔应隔离治疗。磺胺类药物对本病有较好的疗效，如与增效剂联合应用效果更好。磺胺嘧啶＋甲氧苄氨嘧啶治疗本病效果最好。另外，应用磺胺甲氧嗪、磺胺-6 甲氧嘧啶、砜类、四环素族抗生素也可收到良好的效果。

预防应禁止在兔场养猫，并灭鼠。发现病兔应及时隔离治疗，并用1%来苏儿、3%火碱或火焰彻底消毒，对病兔尸体应烧毁或深埋。在发病期间应注意人的防护。

3. 兔脑炎原虫病

兔脑炎原虫病又名土脑炎小体病，是一种慢性、隐性原虫病。虫体主要侵害脑组织和肾脏，但大多数病例为无临床症状的隐性感染。

【病　原】 病原为兔脑炎小体，属原生动物小孢子虫目。

感染主要通过食入被虫体污染的尿液而感染，也可通过胎盘垂直感染。健兔与病兔的直接接触也可感染，另外还可能通过胎盘感染。

【症　状】 一般为隐性感染，有时可有脑炎和肾炎症状，表现为惊厥、颤抖、斜颈、麻痹、昏迷和平衡失调，病兔常出现蛋白尿。

【病理变化】 肾脏病变最明显，肉眼可见肾表面有很多散在的针尖状白点或在皮质表面有大小为 2～4 毫米的灰色凹陷区。如肾脏广泛受害，则表面呈颗粒状，显微镜下所见为肉芽肿性肾炎。脑常有分布不规则的灶状肉芽肿，以中央区坏死和周围有淋巴细胞、浆细胞、小胶质细胞、上皮细胞、巨噬细胞浸润为特征。

【防　治】 尚无有效的治疗药物。由于生前不易诊断，感染途径多，特别是通过胎盘感染等因素给防治工作带来很大困难。改善卫生条件和清除已感染的种用动物，对防治本病有帮助。

4. 肝片吸虫病

肝片吸虫病是一种人兽共患寄生虫病，兔也可被寄生，特别是以青饲料为主的兔发病率和死亡率均高，可造成严重的危害。

【病　原】 肝片吸虫为大型吸虫，长 20～35 毫米、宽 5～13 毫米，柳叶状，腹背扁平。

成虫在肝脏的胆管中产卵，随胆汁进入肠道并随粪便排出体外，在水中孵化出毛蚴，毛蚴钻入中间宿主——椎实螺体内，经胞蚴、母雷蚴、子雷蚴，最后发育成尾蚴，尾蚴从螺体逸出，附着在水草上形成感染性囊蚴。兔吃了带有感染性囊蚴的草而被感染。童虫在小肠内脱囊而出，穿过肠壁进入腹腔，然后穿过肝包膜、肝实质进入胆管发育为成虫。自感染到发育为成虫需 3～4 个月。成虫可寄生 3～5 年。囊蚴在水中能存活 3～5 个月，在干燥及直射阳光下 3～4 周死亡。

【流行病学】 本病多发生于低洼和沼泽地区及多雨的年份。兔的发病主要是饲喂了在水边生长的含有囊蚴的青草所致。囊蚴圆形、极小、直径 0.8 毫米，肉眼不易见到，主要附着在各种水草叶茎上，以水面附近最多。人、畜接触后通过破损皮肤而感染。

【症　状】 临床表现可分为急性期和慢性期。急性期开始有体温升高，病兔突然发病，精神沉郁，贫血，腹痛，腹泻，黄疸，很快死亡。慢性期主要是消化紊乱，便秘、腹泻交替，进行性消瘦，严重贫血，颌下、眼睑、胸下水肿明显，经1～2个月死于恶病质。

【防　治】 对喂青饲料为主的兔进行两次预防性驱虫，可减少传染源，驱虫后的粪便应集中处理，达到灭虫、灭卵要求。治疗和预防的驱虫药物可用：溴酚磷（蛭得净）、三氯苯唑（肝蛭净）、碘醚柳胺等，对童虫、成虫均有效。硝氯酚（拜尔9015）和丙硫咪唑（抗蠕敏）对成虫的效果较好。剂量参阅说明书。

最好的预防办法是不用沟塘、河边的水草、青草喂兔，如不得已需要喂，最好的消毒办法是青贮发酵后喂。也可用药物定期驱虫来预防，可1年2次。

5. 兔双腔吸虫病

兔双腔吸虫病是反刍兽多见病，家兔亦可感染。

【病　原】 病原为矛形双腔吸虫或中华双腔吸虫，虫体扁平透明，矛头样。其中矛形双腔吸虫的虫体较大，更呈细长尖锐矛头样；中华双腔吸虫的虫体较小，相对较短宽一点。但均较肝片吸虫小许多。虫卵褐色，椭圆形两边不对称，有卵盖，内含毛蚴。本病多发生在低湿的山间草场，兔可因饲喂在这些地方收割的青草而发病。

【症状及病变】 病兔主要表现消瘦、贫血、黄疸，颌下水肿，腹泻，严重者瘦弱死亡。病变表现为胆管胆囊的慢性炎症，管壁增厚。肝肿大，被膜肥厚，表面粗糙。

【防　治】 对本病的预防是不喂高发地区的青草，必要时进行预防性驱虫。药物防治同肝片吸虫相同。

6. 肝毛细线虫病

肝毛细线虫病是家兔及许多其他动物常见的寄生虫病，猪与人也可感染，狗和猫是暂时性宿主。

【病 原】 肝毛细线虫细线状，雌虫大小为 20 毫米×0.1 毫米，雄虫约为雌虫的一半大。本病不需中间宿主，成虫寄生于肝组织内，雌虫在肝组织中产卵，使肝脏肿大。

【流行病学】 虫卵一般情况下不能离开肝脏。动物尸体腐烂分解释放出虫卵；或屠宰动物的肝脏被狗、猫等吞食，肝组织被消化，虫卵随其粪便排出体外。这些虫卵在有空气条件下发育为感染性虫卵，兔或其他动物吞食了此种感染性虫卵而感染。幼虫在小肠中孵出，钻入肠壁血管经门脉循环进入肝脏发育为成虫。

【症 状】 病兔少量感染时常无明显症状。严重感染时，可见有消化紊乱、消瘦、黄疸等肝炎症状。病变主要是肝脏中出现黄豆大小白色或淡黄色结节、质硬、有时成堆，内含虫卵。有时可见成虫移行孔道，并可找到虫体，

【防 治】 对本病应以预防为主，消灭鼠及野生啮齿动物，禁止狗、猪进入兔舍内。兔肝脏不能生喂给狗、猫等暂时宿主。加强饮水和饲料卫生管理，防止被虫卵污染。本病的治疗用丙硫咪唑、甲苯咪唑和盐酸左咪唑等药物。

7. 兔蛲虫病

兔蛲虫病呈世界性分布，家兔感染率较高，严重者可引起死亡。

【病 原】 病原为兔蛲虫，又名兔栓尾线虫。虫体乳白色，雌虫长 3～5 毫米、宽 0.3 毫米，雌虫长 8～12 毫米、宽

0.5毫米。前端缺唇，由简单的口囊和后食管球。虫卵淡灰色，呈不规则的椭圆形。排出时已发育到桑椹期。

本病不需中间宿主，成虫产卵在兔直肠内发育成感染性幼虫后排出体外，当兔吞食有感染性幼虫的卵后被感染。

【症　状】 本病少量感染时，一般不显临床症状。严重感染时，引起盲肠和结肠的溃疡和炎症，病兔慢性腹泻，消瘦，发育受阻，甚至死亡。

【防　治】 治疗用盐酸左咪唑，按5～6毫克/千克体重口服；或丙硫咪唑，按10～20毫克/千克体重口服。硫化二苯胺，以1∶50比例混入饲料进行饲喂。

本病的预防要着重抓好两点：一要加强兔舍卫生管理，经常清扫与消毒，防止兔粪的污染，兔粪可用发酵处理；二要定期驱虫，于春、秋季节全群各驱虫1次，严重感染的兔场，可每隔1～2个月驱虫1次。

8. 豆状囊尾蚴病

豆状囊尾蚴病是豆状绦虫的幼虫寄生于兔等啮齿动物的肝脏、肠系膜和腹腔引起的一种寄生虫病。一般不引起死亡，但可使兔生长发育缓慢，饲料报酬降低，对养兔业危害较大。

【病　原】 豆状囊尾蚴的病原形态呈豌豆状的包囊，囊壁薄而透明，内充满液体，大小为6～15毫米×2～5毫米，囊壁上有乳白色内翻的头节。

成虫豆状带绦虫，寄生于犬、猫、狐狸等肉食兽小肠内，其孕卵节片和卵随粪便排出体外，被兔吞食后而感染，卵内的六钩蚴逸出，进入肠壁血管内移行至肝脏，发育成囊尾蚴，当犬等终宿主吞食了含有成熟囊尾蚴的兔内脏后而感染，在其小肠内发育为成虫。

【症　状】 本病少量感染时常不显症状，寄生在肠系膜和腹腔时也危害较小。当大量寄生在肝脏时，严重影响肝脏功能，出现肝炎症状。可见食欲下降，消化紊乱，口渴，嗜眠，不喜活动，阵发性体温升高，逐渐消瘦，常突然死亡。病变主要是早期肝肿大，之后形成“嵌花肝”，晚期肝硬变，并有肝内的虫体结节或腹腔的成串的虫体。

【防　治】 对本病的防治，重点应放到对犬、猫寄生成虫的防治上。禁止在兔舍内养犬养猫或对犬和猫定期驱虫，平时严禁用兔尸或其内脏喂犬和猫，如要喂，一定要煮熟再喂。对兔的治疗可用吡喹酮、甲苯咪唑或丙硫咪唑。

9. 兔连续多头蚴病

兔连续多头蚴病是连续多头绦虫的幼虫寄生于兔、啮齿动物及人皮下组织、肌间结缔组织引起的寄生虫病。其成虫连续多头绦虫寄生于犬的小肠。本病呈世界性分布。

【病　原】 成熟的连续多头蚴为樱桃大至鸡蛋大的包囊，直径 4 厘米或更大，坚实而有弹性，囊内外均可以形成子囊，子囊内有许多头节。犬及其他犬科动物吞食患有多头蚴的兔或其他啮齿类动物后，连续多头蚴在小肠中以其头节固着在肠黏膜上逐渐发育为成虫。成虫虫体长 10～72 厘米。成熟孕卵节为成虫的一至数个体节，内含大量虫卵，虫卵内含六钩蚴。随犬粪排出的孕卵节片或卵污染饲料，被兔吃后，六钩蚴在消化道中的包囊内逸出，钻入肠壁，随血流移行至皮下、肌间结缔组织，最常见于外咀嚼肌、肋肌和肩、颈、背部肌肉中，当犬吞食了含有连续多头蚴的兔肌肉时被感染，在其小肠内发育为成虫。

【症　状】 症状因寄生部位不同而异，主要表现为皮下肿块和关节活动不灵，个别寄生于脑脊髓的可出现神经症状。

【防　治】 本病的防治亦应以控制养犬和驱治犬的连续多头绦虫为主要措施，具体措施及用药均可参考兔豆状囊尾蚴病。另外，在感染数量少时，手术摘除包囊也是好的治疗方法。

10. 兔疥癣病

疥癣病又叫螨病。是由痒螨或疥螨寄生于兔体表引起的接触传染性的慢性皮肤病。它的特征是剧痒、脱毛、结痂。发病率高达40%以上，并可引起患兔的死亡。

【病　原】 病原为兔痒螨和兔疥螨（图18）。前者为黄

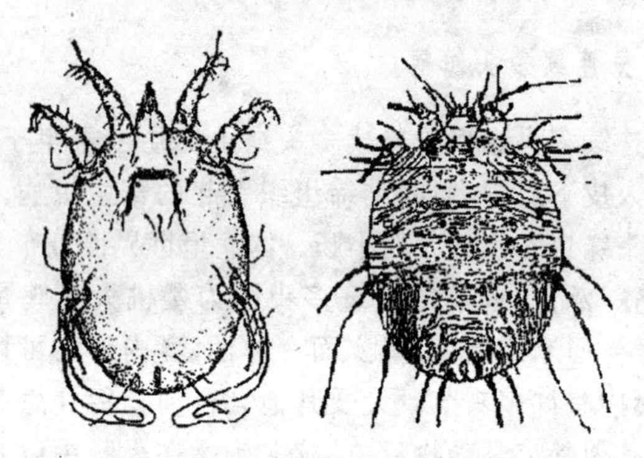

图18　兔疥癣

1. 兔痒螨　2. 兔疥螨

白色或灰白色，长0.5～0.8毫米，椭圆形，体表比疥螨光滑，有细毛，口器长而尖，眼观如针尖大，有四对足。后者肉眼不易看到，圆形，小于痒螨，外形如龟，偏平体表较粗燥。颜色、肢体大体相似。整个虫体的头、胸、腹三部分融为一体。

痒螨与疥螨全部发育都在兔体上完成。分卵、幼虫、若虫、成虫4个阶段。

【流行病学】 本病多发于晚秋、冬季及早春季节，阳光不足，阴暗潮湿适宜本病的发生和蔓延。病兔是主要传染源，螨虫在外界生存能力较强，在 11℃～20℃时疥螨可存活 3 周，痒螨可存活 2 个月。本病靠直接或间接接触传播，被污染的用具环境等可成为传播媒介。兔疥螨可感染人。

【症　状】 以感染寄生虫的不同可分为痒螨症状和疥螨症状。

①兔痒螨病　主要发生于外耳道，引起外耳道炎，渗出物干燥后形成黄色痂皮，塞满耳道如卷纸样。病兔耳朵下垂，不断摇头和用脚搔抓耳朵。严重时蔓延至筛骨及脑部，引起癫痫。

②兔疥螨病　一般先由嘴、鼻孔周围和脚爪部发病，患部奇痒，病兔不停地用脚爪搔抓嘴、鼻等处或用嘴啃咬脚部，严重时可出现用前后脚抓地现象。

【病理变化】 病变部结成灰白色的痂，使患部变硬，造成采食困难。并可向鼻梁、眼圈等处蔓延，严重者形成“石灰头”。足部则产生灰白色痂块，并向周围蔓延，呈现“石灰足”。病兔迅速消瘦，常衰弱死亡。

【防　治】 详细检查所有病兔，找出所有患部，全面治疗，以免遗漏。为使药物和虫体充分接触，将患部及其周围 3～4 厘米处的被毛剪去，用温肥皂水彻底刷洗，除掉硬痂和污物，最好用 20%来苏儿液刷洗 1 次，擦干后涂药。伊维菌素或阿维菌素系列产品（很多种），按有效成分 0.2～0.4 毫克/千克体重口服或皮下注射。氨丙畏配成 0.05%浓度局部浸泡或涂擦（如浴足）。雄黄 20 克，豆油 100 克，先将豆油加热煮沸，然后加入雄黄混匀，冷却后患部涂擦，每日 1 次，连用 2～3 次。

保持兔舍干燥、清洁、通风。发现病兔立即隔离治疗，并用500～1 000倍稀释的三氯杀螨醇或0.05%氨丙畏消毒笼具。必要时可用阿维菌素或伊维菌素预防性投药。治疗螨病的药物，大多数对虫卵没有杀灭作用。因此，即使患部不大，疗效显著，也必须治疗2～3次(每次间隔3天)，以便杀死新孵出的幼虫。

(三)常见普通病防治

1. 积　食

积食又称胃扩张，2～6月龄的幼兔容易发生。

【病　因】 主要是贪食过多适口性好，特别是含露水的豆科饲料、难消化饲料(玉米、小麦)，高度膨胀的饲料(麦麸)，腐败的饲料和冰冻的饲料而致病。本病亦见于继发肠便秘。

【症　状】 通常于采食后几小时开始发病，病兔表现不安，卧于一角，不愿走动，由于胃胀大，引起流涎，表现痛苦，眼半闭或睁大，磨牙。触诊腹部，可明显感到胃体积胀大，叩诊呈鼓音。由于膈肌被推挤向前，呼吸受到障碍，并经常改换蹲伏部位，最后可能导致窒息或胃破裂。慢性胃积食，常伴发肠臌气和胃肠炎，如不及时治疗，可于1周内死亡。

【防　治】 平时饲喂必须做到定时定量，切勿饥饱不匀。幼兔断奶不宜过早，不喂腐败的饲料。

灌服下述药物：香醋3～5毫升，十滴水3～5滴，加薄荷油1滴，萝卜汁10～20毫升；小苏打或大苏打片1～2片。让其充分运动，经常按摩腹部。必要时可皮下注射新斯的明0.1～0.25毫克。

2. 兔腹泻

兔腹泻是指临床上具有腹泻症状的一类疾病。表现为排粪频繁，粪便稀软，呈粥样或水样便。

【病　因】 由于饲养管理不当，引起消化不良或胃肠炎型腹泻。如饲料发霉、腐败变质、带露水或冰冻不洁、混有泥沙、污物等；采食过多或断奶过早而贪食；饮水不卫生，喝了不洁净的水；兔舍阴冷潮湿，家兔腹部着凉等。由传染病、寄生虫病和中毒引起的腹泻，不在此列。

【症　状】 轻者食欲减退，精神不振，排粪稀软、呈粥样或水样。病兔全身反应较轻，虚弱、消瘦、不爱运动。重者体温升高，食欲废绝，精神倦怠。严重腹泻，粪便呈水样，常混有血液或胶冻样黏液，具有恶臭。腹部触诊有明显痛疼反应。病兔呈脱水和衰竭状态及自体中毒症状，结膜发绀，脉搏细弱，呼吸促迫，常因虚脱而死亡。

【防　治】 治疗原则为清理胃肠，调节胃肠功能，杀菌止泻，维护全身功能。

对轻症腹泻，可先清理胃肠，用硫酸钠或人工盐 2～3 克，加水 40～50 毫升，1 次内服，或用 10～20 毫升液体石蜡内服。然后可服用各种健胃剂，如龙胆酊、陈皮酊 2～4 毫升，口服。对重症腹泻首先控制炎症，可用新霉素，按 4 000～8 000 单位/千克体重，肌注。或氟哌酸，按 20～30 毫克/千克体重，口服，等等。如严重脱水，可静注 5%葡萄糖盐水 30～50 毫升、肌注安钠咖注射液 1 毫升，1 日 2 次，连用 2～3 天。对粪臭味不大又腹泻不止者，可使用止泻剂，如鞣酸蛋白 0.25 克，1 日 2 次，连用 1～2 天。

对本病的预防在于加强饲料管理，不喂腐败、不洁、发霉、冰冻的饲料，不饮不洁饮水，换料逐渐进行，保持兔舍的干燥、通风、温暖等。

3. 肺　炎

肺炎是兔的常发病。可分为小叶性肺炎（支气管肺炎）和大叶性肺炎。其中小叶性肺炎又可分为卡他性肺炎和化脓性肺炎。兔以卡他性肺炎多见。

【病　因】　本病多因上呼吸道感染而继发或由病原体直接侵入引起。常见的病原体是肺炎双球菌、葡萄球菌、棒状化脓杆菌等。

【症　状】　主要症状是发热，流浆液性、黏液性或脓性鼻液和咳嗽，听诊肺部有啰音，不同程度呼吸困难，呈腹式呼吸。同时可见精神沉郁，食欲废绝，结膜潮红或发绀，呼吸增数、浅表，鼻镜发干，身体虚弱等症状。不及时治疗可引起死亡。

【防　治】　治疗原则为加强护理，抗菌消炎，制止渗出和促进炎性产物吸收及对症治疗。病兔应放到温暖、干燥、通风良好的环境中，予以治疗，并喂易消化饲料，保证饮水。

①抗菌消炎　可用青霉素按 10 万～20 万单位/只、链霉素 5 万～10 万单位/只，混合肌注，1 日 2 次；或环丙沙星注射液按 1 毫升/千克体重，肌注，1 日 2 次；或土霉素、四环素，按 0.1～0.2 毫克/千克体重，内服，1 日 3 次。

②制止渗出和促进炎性渗出物的吸收　对渗出液过多病例，可马上应用 10%葡萄糖酸钙注射液，按 5～15 毫升/只缓慢静注；或对经抗菌药物治疗体温有所下降，但呼吸困难不减的病例，可按上述剂量应用 10%葡萄糖酸钙注射液。

③对症治疗　有咳嗽，可使用祛痰药；呼吸困难、分泌物阻塞支气管时，可应用支气管扩张药，如按 5 毫克/千克体重

注射氨茶碱。还可强心、补液，静注 5%葡萄糖注射液 30～50 毫升，皮下注射强尔心注射液 0.5 毫升等。

本病的预防措施是防止感冒，加强饲养管理，增强抗病能力。

4. 兔感冒

感冒又称伤风，是由寒冷刺激引起的以发热和上呼吸道黏膜表层炎症为主的一种急性全身性疾病。本病是家兔的常发病，不及时治疗，常可引起支气管肺炎。

【病　因】 多因寒冷、天气突变、遭受雨淋或剪毛后受寒等原因引起。

【症　状】 主要症状是体温升高、达 40℃～41℃，流水样鼻液，有轻度的咳嗽及打喷嚏。同时还有结膜潮红，有时有结膜炎而流泪。皮温不整，四肢末端及耳、鼻发凉等症状。病兔精神沉郁，食欲减退，喜卧少动。

【防　治】 治疗原则是解热镇痛，防止继发感染。解热镇痛：安痛定注射液，每次 1 毫升，皮下或肌内注射，1 日 2 次；或安乃近注射液，每次 1 毫升，肌注，1 日 2 次。防止继发感染可肌注青霉素 20 万～40 万单位，或肌注链霉素 0.25～0.5 克，或肌注病毒灵注射液 2～3 毫升；也可应用磺胺类药物及其他抗菌药物。同时应加强护理。

预防主要是加强防寒保暖，保持兔舍干爽、清洁、通风良好。感冒带有流行性质的应迅速隔离病兔，防止蔓延。

5. 中　暑

【病　因】 本病多发生于天气闷热，兔舍潮湿而通风不良，笼内过于拥挤；夏季炎热天气长途运输兔，装载拥挤又缺水；兔场无遮光设备，兔长时间受阳光直射。

【症 状】 病初期精神沉郁，低头闭眼，其他症状不显著。随后体温升高，体表、呼气灼热，可视黏膜潮红、发绀，呼吸、心跳加快，口、鼻流出白色或血色泡沫，继之全身无力，行走不稳，四肢常撑开，伏卧或侧卧，突然昏迷、痉挛而死。或出现神经症状，高度兴奋，盲目奔跑，然后昏迷，口吐白色或血色泡沫，倒地四肢抽搐而死。

【防 治】 治疗原则是立即降温，并降低颅内压和缓解肺水肿。

首先应立即将病兔置阴凉通风处，用冷水体表降温或灌肠降温；然后可耳静脉放血或静注20%甘露醇注射液10～30毫升；之后可用十滴水2～3滴或人丹2～3粒灌服。肌注樟脑磺酸钠注射液或樟脑水。

预防主要是防止过度受热和阳光直射。如保持兔舍凉爽，通风良好；防止兔舍过于拥挤；兔的运动场应有遮荫设施；长途运输最好在凉爽的晚上进行；冷水喷洒地面，保持通风和充足饮水等。

(四)常见代谢病防治

1. 维生素A缺乏症

维生素A缺乏症是由于草料中维生素A原和维生素A不足或吸收功能障碍，以致维生素A缺乏所引起的一种慢性的营养性疾病。临床上以生长迟缓、角膜角化、生殖功能低下为特征。

【病 因】 缺乏青绿饲料、饲料堆放过久，胡萝卜素和维生素A被破坏；长期用白玉米作为精料而造成维生素A缺乏；慢性胃肠疾病，影响维生素 A 的吸收，容易促进本病发生。

机体对维生素 A 需要量增多时，如在妊娠期、泌乳期未能及时补充维生素 A，就会发生维生素 A 缺乏症。

【**症　状**】 缺乏维生素 A 的兔生长缓慢，严重病例体重减轻。时间过长的自发运动减少，最后不愿运动。有时出现类似于寄生虫性中耳炎的症状：转圈、头转向一侧或两侧来回摇摆。严重病例头倒向一侧或后仰，患兔本身没有恢复正常姿势的能力，或头颈回缩，四肢麻痹，偶尔也可看到惊厥。成年兔和几周龄的仔兔均可出现眼的病变，其中成年兔最早出现眼的病变症状。角膜出现模糊或白斑、白带，通常在角膜中央及其附近，在上下眼睑之间呈平行走向。角膜浑浊，粗糙，并显得干燥。眼睛周围积有干燥的痂皮样炎垢。球结膜的边缘部分可看到色素沉着，随后即发展为弥漫性结膜炎、虹膜睫状体炎、眼前房积脓和永久性盲眼。

和其他动物一样，缺乏维生素 A 的母兔常引起繁殖力降低，或会发生早期胎儿死亡和吸收、流产、死产或产出先天性畸型仔兔。处于维生素 A 缺乏临界状态的无症状母兔，其所产仔兔在出生时表现正常，但在产后几周内出现因脑积水和维生素 A 缺乏的其他症状。

【**防　治**】 为顶防本病，切忌长期饲喂久贮或变质饲料，并应及时控制肝球虫病。日粮中应经常补充豆科绿叶、绿色蔬菜、南瓜、胡萝卜和黄玉米等富含胡萝卜素的饲料。

在治疗方面，包括停喂久贮和变质的饲料，在正常日粮中添加上述含胡萝卜素丰富的饲料。个别病例的治疗可内服或肌注鱼肝油制剂。群体治疗时，可将鱼肝油混入饲料（每 10 千克饲料 2 毫升）。

2. 佝偻病

佝偻病亦称维生素 D 缺乏症。是幼龄动物软骨骨化障碍，骨基质钙盐沉着不足的营养代谢性疾病。

【病　因】 首先是母兔维生素 D 缺乏，是本病的主要原因。母兔长期吃缺乏阳光照射的干草，因植物中麦角固醇不能转变为维生素 D_2 而无法获得维生素 D；母兔又被禁闭，不能照射到阳光，皮肤不能合成维生素 D_3；或胃肠道疾病无法吸收饲料中的维生素 D，因而导致乳汁中缺乏维生素 D，引起哺乳仔兔患病。其次是仔兔断奶过早，而饲料中又缺乏维生素 D 或光照不足，或患有胃肠道疾病阻碍了维生素 D 的吸收，引发本病。

【症　状】 仔兔先天性维生素 D 缺乏，表现为站立时间延迟、肢体异常、变形、站立不稳、四肢向外倾斜。后天性的首先表现为异嗜，乱啃墙壁、石块、垫草等。精神、食欲、发育均较差。之后出现四肢关节疼痛，跛行，严重者骨变形、弯曲，在肋骨与肋软骨结合处出现特征性的“串珠肋”，肋骨内陷，胸骨凸出，形成“鸡胸”。

【防　治】 治疗首先要补充维生素 D。可用维丁胶性钙注射液按 1 000～2 000 单位/只，肌内或皮下注射，1 日 1 次，连用5～7 天；或维生素 D_3 注射液按 1 500～3 000 单位/千克体重，肌注；也可口服鱼肝油 1～2 毫升/只，连用 5～7 天，同时注意补充骨粉、贝壳粉等。对症状不严重的病兔，也可采用多晒太阳，同时注意补钙的疗法。

预防主要是对孕兔和哺乳母兔提供含维生素 D 的饲料，多晒太阳和运动，并保持饲料中钙∶磷比例为1∶0.9～1。

3. 维生素 E 缺乏症

维生素 E 是一种天然脂溶性物质，在体内有多种重要的生理功能。兔缺乏维生素 E，可导致营养性肌肉萎缩。

【病　因】 由于饲料中维生素 E 含量不足；饲料中不饱和脂肪酸含量过高，或脂肪酸酸败，破坏了饲料中的维生素 E；以及兔球虫病等，使肝脏、骨骼肌及血清中维生素 E 的浓度降低，而维生素 E 的需要量却增加，导致维生素 E 的缺乏。

【症　状】 幼兔主要导致营养性肌肉萎缩，病初期主要是肌酸尿，减食，增重停止；继之病兔前肢僵硬，头稍回缩，体重急剧下降，食欲废绝。最后阶段病兔营养极度不良，进行性肌无力，全身紧张性下降，衰竭死亡。母兔维生素 E 缺乏，主要表现为受胎率下降，死胎增多，新生仔兔死亡率高。

【病理变化】 可见骨骼肌及心肌、咬肌、膈肌萎缩，极度苍白、坏死，肌纤维有钙化现象。其中腰肌有出血条纹和黄色坏死斑。

【防　治】 治疗主要是补充维生素 E。由于维生素 E 和硒有协同作用，也可同时补硒。可肌注维生素 E，按 1 000 单位/只，1 日 2 次，连用 2～3 天；也可肌注亚硒酸钠维生素 E 注射液，按 0.5～1 毫升/只，1 日 1 次，连用 2～3 天。

预防上注意保证饲料中维生素 E 的供应。饲料中以种子胚芽中维生素 E 含量最高，青饲料中，大麦芽、苜蓿草的含量较高，应考虑补充；豆料牧草含不饱和脂肪酸较高，含硒较低，饲喂时应适当增加维生素 E 的供给。当饲料贮存时间过长或酸败时，饲料中脂肪较多(不饱和脂肪酸也高)时，肝脏患病时，或母兔妊娠而对维生素 E 需求增加时，可考虑在饲料中直接补充维生素 E。并应及时治疗肝球虫病及其他肝脏疾病。

4. 兔妊娠毒血症

兔妊娠毒血症是孕兔妊娠后期常见的致死性代谢性疾病，经产兔和肥胖母兔多发。

【病 因】 病因尚不完全清楚，目前认为主要与营养失调和运动不足有关。品种、年龄、肥胖、胎次、胎儿过多、胎儿过大、妊娠期营养不良及环境变化等因素均可影响本病的发生。

本病的发生首先是体内肝糖元被消耗，接着动员体脂去调节血中葡萄糖平衡，结果造成大量脂肪积聚于肝脏和游离于血液中，造成脂肪肝和高血脂，肝功能衰竭，有机酮和有机酸大量积聚，导致酮血症和酸中毒；大量酮体经肾脏排出时，又使肾脏发生脂肪变性，有毒物质更加无法排出，造成尿毒症；同时因机体不能完成调节葡萄糖平衡而出现低血糖。因此，妊娠毒血症是酮血症、酸中毒、低血糖和肝功能衰竭的综合征。

【症 状】 轻者症状不明显，重者可见精神沉郁，呼吸困难，尿量严重减少，呼出气体有酮味。轻度或中度病例往往能康复，严重病例发病后迅速死亡。死前可发生流产、共济失调，惊厥及昏迷等症状。血液学检查非蛋白氮升高，钙减少，磷增加，丙酮试验阳性。

【防 治】 治疗原则是补充血糖，降低血脂，保肝解毒，维护心肾功能。

首先可静注 25％～50％葡萄糖注射液 20 毫升；同时可静注维生素 C 注射液 2 毫升；肌注维生素 B_1、维生素 B_2 注射液各 2 毫升。

预防上，在妊娠后期防止营养不足，应供给富含蛋白质和碳水化合物并易消化的饲料，不喂劣质饲料。同时应避免突然更换饲料及其他应激因素。对肥胖、胎儿过多过大，以及易发生该病的品种，可在分娩前后适当补给葡萄糖，可防止妊娠毒血症的发生与发展。

5. 食仔癖

食仔癖是一种新陈代谢紊乱和营养缺乏的综合征，表现为一种病态的食仔恶癖，多见于初产母兔。

【病　因】 引起母兔食仔的病因是多方面的。如日粮中缺少食盐，钙、磷不足或比例不当，某些蛋白质和维生素缺乏；母兔产后饥渴又无水无食，或青饲料和饮水不足；分娩时受惊，或产仔箱、产仔笼有异味，或死亡仔兔未及时取出。

【症　状】 母兔表现为吞食刚初生或产后数天的仔兔，可全部吃光或吃一部分。

【防　治】 要做好本病的防治，主要做好以下几方面的工作。

①加强饲养管理，孕兔和哺乳母兔的饲料应营养全面，易消化，防止缺乏矿物质和维生素。

②产前产后应对母兔供应充足的饮水，可提供温的淡盐水。

③保持安静，防止异味进入产箱，及时清理产箱，取出死兔和胎盘。

④对有吞食仔兔癖的母兔，分娩后立即与仔兔分开，仔兔隔离饲养10天，确定母兔不再咬仔兔后，方可放到一起饲养。

（五）常见中毒病防治

1. 鼠药中毒

【病　因】 家兔鼠药中毒一般都是由误食灭鼠毒饵引起。

【症　状】 随着毒物的不同症状有所不同，主要症状如下。

①磷化锌中毒　主要症状有呕吐、腹泻、腹痛、粪便混血、呼吸困难，最后抽搐、昏迷致死。

②毒鼠磷中毒　主要症状为全身出汗，心动过速，呼吸困难，大量流涎、腹泻、肠音亢进、瞳孔缩小、肌纤维颤动、麻痹、昏迷死亡。

③甘氟中毒　主要症状为呕吐、口渴、心悸、大小便失禁、呼吸抑制、发绀、阵发性抽搐等。

④敌鼠钠盐和杀鼠灵中毒　主要症状为慢性多部位出血，皮肤紫癜，关节肿大。

鼠药中毒一般都有群发、突发、呕吐、腹泻、出汗等特点。仔细进行毒物调查是诊断的重要一环。

【防　治】 若发现中毒可用下列方法处理。

①洗胃或缓泻　可用0.1%高锰酸钾液、1%食醋液、清水等反复洗胃，或用盐类泻剂泻下。

②对症治疗　如强心、补液、镇痉、补充维生素等疗法。

③应用特效解毒药　有些灭鼠药中毒，有特效解毒药可供应用。如毒鼠磷特效解毒药为阿托品和解磷定，氟乙酰胺为乙酰胺（解氟灵），氟乙酸钠为二醇乙酸酯，敌鼠钠盐为维生素 K，其用法用量可参照药品使用说明书。需注意的是对胃肠道内毒物尚未排出的病兔，应根据症状，重复使用解毒药品，才能取得较好疗效。

2. 有机磷中毒

有机磷农药是目前应用最广泛的一类农药，家兔因误食被有机磷农药污染的饲草、饲料等引起中毒，是家兔中毒最常见的原因之一。本病的特征是瞳孔缩小，肌肉震颤和中枢神经系统紊乱。

【病　因】 家兔中毒多因误食了喷洒有机磷的蔬菜、伴有有机磷的种子或污染了有机磷的田间青草而引起，也有使用有机磷药物驱杀兔体外寄生虫引起。

【症　状】 病兔瞳孔缩小，流涎，肌肉震颤均为本病典型症状。同时还有流泪、流汗、呕吐、腹泻、腹痛、兴奋不安、心跳、呼吸加快等症状。甚至出现全身抽搐、昏迷，最后死于全身麻痹和窒息。本病无特征性病理变化，主要是胃内容物中能闻到蒜臭味。

【防　治】 治疗首先立即皮下注射1%硫酸阿托品注射液1～2毫升，然后用1%食醋溶液或清水洗胃，之后用解磷定或氯磷定按20～30毫克/千克体重静注或皮下注射。同时可辅以20%葡萄糖注射液20～50毫升加维生素C 100毫克静注。如果病情仍不能缓解，仍需每隔1～2小时注射1次阿托品注射液，直至病情缓解为止。

预防主要是不要用喷洒过有机磷农药的蔬菜和青草喂兔，或清洗晾干后再喂；并防止兔误食拌有有机磷农药的种子。

(六)常见其他病防治

1. 产后瘫痪

【病　因】 产前缺乏阳光照射和足够的运动，兔舍长期潮湿，饲料中缺乏钙、磷等矿物质，产仔窝次过密，哺育仔兔过多，体力消耗过大，受惊吓或饲料中毒等都会引起产后瘫痪。母兔患球虫病、梅毒病、子宫炎、肾炎等病也会引起产后瘫痪。

【症　状】 轻者食欲减退，重者食欲废绝，常常便秘，小便减少或不通。产仔后，轻者跛行，重者四肢或后肢突然麻痹，不能自主。有的同时子宫脱出，流血过多而死亡。

【防　治】 注意兔舍卫生，保持干燥。对母兔供给充足的钙、磷等矿物质和维生素，增强运动。对病兔采取治疗措施：按摩麻痹的前肢或后肢，使其经络活通。

内服药处方如下：硫酸钠 2.6 克，碘化钾 3.3 克，陈皮酊 7 毫升，水 114 毫升以上，混合，食后给服，每日 3 次。或内服约 10 毫升蓖麻籽油或芒硝 2～3 克。或每隔 2～3 小时直肠灌注温热的食糖溶液 10～30 毫升。或静脉注射 10％葡萄糖酸钙注射液 5～10 毫升，每日 1 次。病初时连用 3～5 天有效，或肌内注射维丁胶性钙注射液 1～2 毫升。也可用针灸或电针疗法，效果比较好。

2. 子宫脱出

【病　因】 母兔妊娠期缺乏运动，饲养管理不当，孕期延长，胎儿过大等均会发生子宫脱出。

【症　状】 子宫脱出多发生在分娩后几小时内，子宫外翻并脱出在外，拖于笼底，阴道不断流血。如不及时整复和治疗便会发生感染或死亡。

【防　治】 仔细清除子宫上的粪便、被毛、褥草等污物，用 3％温明矾水溶液浸洗子宫，使其收缩。如脱出时间较长，子宫严重淤血肿胀，可用浓盐水清洗，使其脱水以便整复。手术过程如下：先清洗脱出子宫后，由助手提起患兔的两后肢，术者一手轻轻托起脱出的子宫，一手轻轻地将脱出的子宫从四周轮换推入腹腔。整复后在子宫内放入广谱抗生素 1 片或洗必泰栓剂 1 粒。并提起后腿将患兔左右摇几次，拍击患兔臀部，以助收缩复位，再放入笼内。为消炎及抗菌，可内服或注射磺胺类药物和抗生素。可内服镇痛片 1 片。

3. 溃疡性脚皮炎

【病　因】 由于承受沉重的兔体的脚长期与兔笼铁丝板摩擦所引起的脚皮压迫性坏死或创伤性炎症，由于兔习惯频繁地跺脚，而脚垫上皮毛又较薄，加之环境因素包括过度潮湿，铁丝笼底粗糙不平，甚至锐利，缺乏缓冲，故兔跖骨部的底面，有时掌骨指骨部的侧面易发生损伤，引起溃疡性皮炎。

【症　状】 在跖骨部底面或掌骨部侧面皮肤上覆盖干燥硬痂或大小不等的局限性溃疡，由于细菌感染，上皮溃疡及周围发生脓肿。病兔畏痛，四肢频频交换支撑躯体，时而伏卧、拱背，呈踩高跷样步态，厌食，体重减轻。

【防　治】 底网应平整。改进兔笼底踏板，用竹板较好。保持清洁，干燥。根据中国农业大学养兔组的研究认为应及早发现，用橡皮膏围病灶做重复缠绕，尽量放松缠绕，然后用手轻握压，压实重叠橡皮膏，20～30 天可自愈。因为橡皮膏起了保护、抑菌、湿润结痂的作用。但四肢发病者预后不良。

(七)肉兔允许使用的抗菌药、抗寄生虫药及使用规定

肉兔疫病防治允许使用的抗菌药，抗寄生虫药及使用规定见表 29。

表 29　肉兔允许使用的抗菌药、抗寄生虫药及使用规定

药品名称	作用与用途	用法与用量 (用量以有效成分计)	休药期 (天)
注射用氨苄西林钠	抗生素类药,用于治疗青霉素敏感的革兰氏阳性菌和革兰氏阴性菌感染	皮下注射,25 毫克/千克体重,2 次/日	不少于 14
注射用盐酸土霉素	抗生素类药,用于革兰氏阳性、阴性细菌和支原体感染	肌内注射,15 毫克/千克体重,2 次/日	不少于 14
注射用硫酸链霉素	抗生素类药,用于革兰氏阴性菌和结核杆菌感染	肌内注射,50 毫克/千克体重,1 次/日	不少于 14
硫酸庆大霉素注射液	抗生素类药,用于革兰氏阴性和阳性细菌感染	肌内注射,4 毫克/千克体重,1 次/日	不少于 14
硫酸新霉素可溶性粉	抗生素类药,用于革兰氏阴性菌所致的胃肠道感染	饮水,200～800 毫克/升	不少于 14
注射用硫酸卡那霉素	抗生素类药,用于败血症和泌尿道、呼吸道感染	肌内注射,一次量,15 毫克/千克体重,2 次/日	不少于 14
恩诺沙星注射液	抗菌药,用于防治兔的细菌性疾病	肌内注射,一次量,2.5 毫克/千克体重,1～2 次/日,连用 2～3 天	不少于 14

续表 29

药品名称	作用与用途	用法与用量 (用量以有效成分计)	休药期 (天)
替米考星注射液	抗菌药,用于兔呼吸道疾病	皮下注射,一次量,10 毫克/千克体重	不少于 14
黄霉素预混剂	抗生素类药,用于促进兔生长	混饲,2～4 克/1000 千克饲料	0
盐酸氯苯胍片	抗寄生虫药,用于预防兔球虫病	内服,一次量,10～15 毫克/千克体重	7
盐酸氯苯胍预混剂	抗寄生虫药,用于预防兔球虫病	混饲,100～250 克/1000 千克饲料	7
拉沙洛西钠预混剂	抗生素类药,用于预防兔球虫病	混饲,113 克/1000 千克饲料	不少于 14
伊维菌素注射液	抗生素类药,对线虫、昆虫和螨均有驱杀作用,用于治疗兔胃肠道各种寄生虫病和兔螨病	皮下注射,200～400 微克/千克体重	28
地克珠利预混剂	抗寄生虫药,用于预防兔球虫病	混饲,2～5 毫克/1000 千克饲料	不少于 14

第七章　肉兔产品标准化

一、肉兔出栏标准

出栏肉兔分为幼兔和成年兔，经过定期肥育后，兔体内积蓄一定的营养物质，达到特定的体重标准就可以出栏。

（一）幼兔出栏标准

仔兔断奶后经过70～90天催肥，在保证充足的营养、饮水、饲养密度、光照、湿度（60%～65%）和温度（15℃～25℃）的条件下，大型品种（比利时兔、塞北兔、哈白兔等）体重达到2.8千克以上；中型品种（新西兰兔、加利福尼亚兔等）体重达到2.3千克以上，即达到出栏标准。冬季气温低，耗能高，只要达到出栏最低体重即可出栏，尽量缩短肥育期。其他季节，饲料充足，气温适宜，肥育效益高，可适当增加出栏体重。

（二）成年兔出栏标准

出栏的成年兔主要是配种前淘汰的青年后备母兔和淘汰的种兔，经过30～40天的肥育，体重增加1千克以上即可出栏。淘汰种兔视膘情决定是否肥育，对膘肥的淘汰种兔，可停止繁殖，饲养一段时间即直接上市；膘情过差的也不必再肥育，因催肥时间较长，饲料消耗较多，经济效益不高，可直接上市或用作其他饲养动物的饲料；膘情适度的快速肥育后再上市。

二、无公害兔肉标准

无公害兔肉是指在肉兔饲养过程中，严格遵守《NY 5130 无公害食品 肉兔饲养兽药使用准则》、《NY 5131 无公害食品 肉兔饲养兽医防疫准则》、《NY 5132 无公害食品 肉兔饲养饲料使用准则》、《NY 5133 无公害食品 肉兔饲养管理准则》，屠宰加工后，经兽医卫生检疫检验合格，符合标准各项规定指标要求的兔肉。

（一）感官指标

兔肉感官指标应符合表30的规定。

表30 无公害兔肉感官指标

项 目	指 标
色 泽	肌肉呈浅粉红色、有光泽，脂肪呈乳白色或淡黄色
组织状态	肌肉致密、有弹性，指压后凹陷立即恢复，表面微干，不粘手
气 味	具有鲜兔肉固有气味，无异味
煮沸后肉汤	澄清透明，脂肪团聚于表面，具有兔肉固有的香味
肉眼可见异物	不应检出

（二）理化指标

兔肉理化指标应符合表31规定。

表 31　无公害兔肉理化指标

项　目	指　标
挥发性盐基氮(毫克/100克)	≤15
汞(以 Hg 计)(毫克/千克)	≤0.05
铅(以 Pb 计)(毫克/千克)	≤0.1
砷(以 As 计)(毫克/千克)	≤0.5
镉(以 Cd 计)(毫克/千克)	≤0.1
铬(以 Cr 计)(毫克/千克)	≤1.0
六六六(毫克/千克)	≤0.2
滴滴涕(毫克/千克)	≤0.2
敌百虫(毫克/千克)	≤0.1
金霉素(毫克/千克)	≤0.1
土霉素(毫克/千克)	≤0.1
四环素(毫克/千克)	≤0.1
氯霉素(毫克/千克)	不应检出
呋喃唑酮(毫克/千克)	不应检出
磺胺类(以磺胺类总量计)(毫克/千克)	≤0.1
氯羟吡啶/(毫克/千克)	≤0.01

(三)微生物指标

兔肉微生物指标应符合表 32 规定。

表 32　无公害兔肉微生物指标

项　目		指　标
菌落总数(个/克)		$\leqslant 5\times10^{5}$
大肠菌群/(个/100克)		$\leqslant 1\times10^{3}$
致病菌	沙门氏菌	不应检出
	志贺氏菌	不应检出
	金黄色葡萄球菌	不应检出
	溶血性链球菌	不应检出

兔肉产品应贮存在通风良好、清洁卫生的场所，不应与有毒、有害、有异味、易挥发、易腐蚀的物品共同贮存。冷却兔肉在－1℃～4℃下贮存，冻兔肉在－18℃以下贮存。运输应使用符合食品卫生要求的专用冷藏车(船)，不能与对产品发生不良影响的物品混装。

三、兔皮的初加工

兔皮的被毛浓密，质地轻柔，能制作各种衣着用品，但鲜兔皮中含有大量水分、脂肪、细菌和多种酶，质地僵硬，抗水、抗虫、抗化学药剂的性能差，不能直接用来做衣着用品，如不及时处理，就会造成皮板腐烂、脱毛，丧失加工价值，必须经鞣制后方可应用。

(一)清　理

刚剥下的鲜皮，常带有油脂、残肉和血污，不仅影响毛皮的整洁和贮存，而且容易造成油烧、霉烂、脱毛等伤残，降低使用价值，所以应及时进行脱脂清理。

脱脂清理时首先按每千克兔皮需水 20 升，甲醛 10 克，硫酸钠 1 千克，配成浸水液。将兔皮投入浸水液中，在常温下，浸泡 16～20 小时，要求浸软、浸透、无干瘢。再按每千克兔皮用水 28 升，洗衣粉 100 克，配成脱脂液，加温至38℃～40℃，再投入兔皮，搅拌 10 分钟，以后搅拌数次，脱脂 40～60 分钟后，放出脏液，加清水洗干净，然后出皮甩水。第三步按每千克兔皮用水 16 升，甲醛 16 克，硫酸钠 800 克，硫酸 9 克配制复浸液，把兔皮完全浸没在复浸液中，搅拌 1～2 分钟，以后搅拌 2 次，每次 1～2 分钟，8 小时后，用碳酸钠中和复浸液至中性，然后出皮。将皮张展平，从臀部向头部依次进行刮脂，用力要均衡，以免切断毛根，刮破皮板。

（二）消　毒

鲜兔皮为了防止传染源的扩散和传播，在加工前，可用甲醛熏蒸消毒，或用2%盐酸和15%食盐溶液浸泡2～3天，起到消毒的作用。

（三）防　腐

防腐的目的是造成一种不适于细菌生存的环境。目前常用的防腐方法主要有干燥法、盐腌法和盐干法等。

1. 干燥法　干燥法是一种使鲜皮中的水分含量降至12%～16%，抑制细菌繁殖，达到防腐目的的最简单的方法。因干燥法防腐的原料皮不用盐和其他防腐剂，故称“淡干皮”、“甜干皮”。其优点是操作简单，成本低，皮板洁净，便于贮藏和运输；缺点是皮板僵硬，容易折裂，难于浸软，且贮藏时易被虫蛀。

2. 盐腌法　盐腌法是利用干燥食盐或盐水处理鲜皮，防止生皮腐烂的最普通、最可靠的方法。处理时，将食盐（皮重的30%～50%）均匀撒在皮面上，然后板面对板面堆叠在一起，经1周左右的时间，使盐溶液逐渐渗入皮内，达到防腐的目的。其优点是皮板呈灰色，紧实而富有弹性，湿度均匀，适于长时间保存，不易遭受虫蚀；缺点是阴雨天容易回潮，用盐量较多，劳动强度较大。

3. 盐干法　这是盐腌和干燥两种防腐法的结合，即先盐腌后干燥，使原料皮中的水分含量降至20%以下，鲜皮经盐腌，在干燥过程中盐液逐渐浓缩，细菌活动受到抑制，达到防腐的目的。其优点是便于贮藏和运输，遇潮湿天气不易迅速回潮和腐烂；缺点是干燥时皮内有盐粒形成，可能降低原料皮的质量。

生皮经脱脂、防腐处理后，虽然能耐贮藏，但若贮存保管不当，仍可能发生皮板变质、虫蛀等现象，降低原料皮的质量。因此，在贮存时要注意通风、隔热、防潮、防鼠、防蚁、防虫，需经常翻垛检查，每月检查 2～3 次。

(四)鞣　制

生皮质地僵硬，易折裂，怕水，有臭味，易腐烂、难保存，不美观，不宜直接使用，必须进行鞣制。兔皮鞣制后，皮质柔软，抗潮防霉，坚固耐用，可以制裘。兔皮的鞣制方法很多，主要有铬鞣法、硝面鞣法、明矾鞣法、甲醛鞣法等。

1. 预处理　将生皮用水浸泡 12～14 天后取出，剥离残肌余脂，至手摸无滑腻感为宜。然后放入洗衣粉溶液中洗涤，再在清水中漂净，晾干备用。

2. 药液配制　水、芒硝(即硫酸钠)、米粉按 20∶4∶5 的比例配备。方法是将 4 份芒硝溶于 20 份水中，用 4 层纱布过虑后静置，待澄清后取其上清液，放入 5 份米粉搅匀即可。

3. 药液浸泡　将浸软晾干的兔皮，逐张投入盛药液的缸中，以刚好淹没全部皮张为宜，每天逐张翻动 1～2 次，使皮张充分吸透药液。常温下，鞣制时间一般为 15～20 天；若将药液加温至 36℃，则鞣制时间可缩短 3～6 天。当浸泡到皮板呈白色疏松状、伸张性好时表明已经硝熟，即可取出晾干。

(五)成品收藏

经过初加工的兔皮经 3～5 天晾挂散去臭气后，装入塑料薄膜袋内，并放入卫生丸 1 包，扎紧袋口。经一段时间后，除去臭气，这时即可收藏，可放于干燥通风仓内。在保管过程中要经常检查，适时翻晒，防止潮湿，避免虫蛀。

金盾版图书，科学实用，通俗易懂，物美价廉，欢迎选购